Ingenieurbauten 2

Theorie und Praxis

Herausgegeben von
Konrad Sattler, Graz
Peter Stein, Wien

1973

Springer-Verlag
Wien New York

Bauen mit vorgefertigten Stahlbetonteilen

Franz Vaessen

1973

Springer-Verlag
Wien New York

Dr.-Ing. E.h. Franz Vaessen
Direktor der Hochtief AG Essen

© 1973 by Springer-Verlag/Wien
Softcover reprint of the hardcover 1st edition 1973
Library of Congress Catalog Card Number 72–88991

Mit 149 Abbildungen

ISBN-13:978-3-7091-8321-2   e-ISBN-13:978-3-7091-8320-5
DOI: 10.1007/978-3-7091-8320-5

Meinen lieben Eltern

in dankbarem Gedenken

Vorwort

Lohnt es sich in der heutigen Zeit noch, ein Buch über das Bauen mit vorgefertigten Stahlbetonteilen zu schreiben? In Anbetracht der Bedeutung, die der Fertigteilbau für die Industrialisierung des Bauens hat, sind über diese Bauweise bereits zahlreiche Abhandlungen und Berichte in Zeitschriften und Monographien erschienen. Umfangreiche Standardwerke wurden verfaßt, und spezielle Fachzeitschriften berichten laufend über die Entwicklungen, die der Fertigteilbau nimmt. Vorwiegend behandelt wird in diesen Berichten die Vorfertigung im Werk, und es hat sich die Auffassung gebildet, daß entsprechend der serienmäßigen Fabrikation der Konsumgüter anderer Wirtschaftszweige auch zur Industrialisierung des Bauens die Fabrik die unbedingte Voraussetzung sei.

Aber man darf trotz der Bedeutung und der Möglichkeiten, die die Vorfertigung der Einzelteile in stationären Werken bietet, nicht vergessen, daß die Bauindustrialisierung weiter reicht. Wesentliches Merkmal allen industriellen Fertigens ist außer einer Mechanisierung der Arbeitsprozesse die Anwendung von Verfahrenstechniken, bei denen sich die Vorgänge mit einem möglichst geringen Einsatz menschlicher Arbeitskräfte planmäßig ineinanderfügen. Die hierzu erforderliche, eingehende Vorplanung erstreckt sich im Fertigbauteil bereits auf die Gestaltung der Konstruktionen, sowohl hinsichtlich der Gesamtkonzeption als auch der Einzelheiten, vor allem der Anschlüsse nach ihrer Zahl und Ausführbarkeit. Das Buch will zeigen, wie unter Beachtung dieser Gesichtspunkte auch eine Vorfertigung auf der Baustelle zu industrialisiertem Bauen führt. Die organisatorischen Vorteile dieser in den gesamten Bauablauf integrierten Verfahren werden an Beispielen ausgeführter Großbauten erläutert, praktische Vorrichtungen, die die serienmäßige Herstellung und den zügigen Einbau der Elemente erleichtern, werden beschrieben.

Besonders wichtig war mir die Darstellung der Mittel und Verfahren, mit denen die für die Vorfertigung in Einzelstücke zerlegten Konstruktionen zu einheitlichen Tragwerken zusammengefügt werden. Die Stahlbetonbauweise hat von Haus aus monolithischen Charakter, und der Wert einer Fertigteilkonstruktion hängt davon ab, wie weit es gelingt, diese Eigenschaft auch in den Verbindungen der Einzelteile zu wahren. Eine vielfach erprobte Methode, die Elemente zug- und schubfest miteinander zu verbinden, ist das

Zusammenspannen, sei es mit hochzugfesten Bolzen oder mit einer durchgehenden Spannbewehrung. Ich habe diese Möglichkeiten im ersten Kapitel behandelt und an Beispielen erläutert. Aber auch die meisten, im folgenden Teil des Buches gezeigten Beispiele ausgeführter Großbauten weisen vorteilhafte Anwendungen des Zusammenspannens auf.

Eine andere, bei Ortbetonausführungen nicht auftretende Eigenart des Fertigteilbaues ist die Umlagerung der Schnittkräfte, die in den nach der Montage fest zusammengeschlossenen Elementen infolge des Betonkriechens entsteht. Die Erörterung dieser Fragen stützt sich auf die neuen Forschungsergebnisse der Betonrheologie. Für die Ermäßigung der Umlagerungskräfte im Stadium II war ich bestrebt, eine einfache Näherungslösung zu finden.

In Anbetracht der reichen Literatur habe ich auf eine ausführliche Darstellung der verschiedenen Hochbausysteme verzichtet und mich auf allgemeine Betrachtungen über deren Wahl beschränkt. Dagegen habe ich eingehend über großräumig vorgefertigte Baukörper berichtet, sei es, daß diese in senkrechter Richtung in ihre endgültige Lage gebracht werden, wie beim Hubdeckenverfahren, bei der Errichtung von räumlichen Tragwerken und beim Bau von Wassertürmen, oder daß sie waagerecht verschoben werden, wie beim Bau von Hallen und im Brückenbau beim Freivorbau mit vorgefertigten Segmenten sowie beim Taktschiebeverfahren.

Alle diese Verfahren, deren Anwendungsbereiche sich zum Teil durch die Art der Bauaufgaben gegen die Vorfertigung in stationären Werken abgrenzen, zeigen bewährte Wege zum industrialisierten Bauen. So hoffe ich, mit meinen Ausführungen Anregungen auf Gebieten gegeben zu haben, die bisher noch wenig behandelt wurden.

Ich danke dem zuständigen Herausgeber, Herrn o. Professor Dr.-Ing. Konrad Sattler, für die Einladung, dieses Buch zu schreiben. Dem Springer-Verlag in Wien danke ich für die entgegenkommende Zusammenarbeit und die gute Ausstattung des Buches. Ein besonderes Wort des Dankes gebührt der Hochtief AG, Essen, für die Anfertigung vieler zeichnerischer Darstellungen und für die großzügige Bereitstellung von Lichtbildern der Bauwerke, denen ich zahlreiche Beispiele zu meinen Darlegungen entnommen habe. Ebenfalls danke ich den Autoren und Verlagen der im Literaturhinweis genannten Aufsätze für ihre wertvolle Unterstützung.

Essen, im Dezember 1972

F. Vaessen

Inhaltsverzeichnis

Einleitung

Geschichte und Bedeutung des Fertigteilbaues

Bis in die Frühzeit des Stahlbetons reicht das Bauen mit vorgefertigten Elementen zurück. Um die Jahrhundertwende begann man, tragende Plattenelemente und Balken als Einzelteile aus Stahlbeton herzustellen und auf Mauerwerk oder stählerne Unterzüge zu legen. In den USA entstanden wenige Jahre danach bereits mehrgeschossige Skelettbauten, für die man alle Konstruktionsteile, die tragenden und die raumabschließenden, in Stahlbeton vorfertigte. Auch das später häufig angewandte tilt up-Verfahren, bei dem Wandplatten am Boden liegend betoniert und in die senkrechte Stellung aufgerichtet werden, stammt aus dieser Zeit.

Die europäischen Länder folgten mit der Entwicklung der Fertigteilbauweise nach dem Ersten Weltkrieg. Besonders in Frankreich, Holland und Dänemark befaßte man sich mit diesem Verfahren. In Italien baute P. L. NERVI Flugzeughallen, bei denen diagonal sich kreuzende, vorgefertigte Fachwerkträger die in großen Abständen aus Ortbeton errichteten Bogenbinder überspannten.

In Deutschland brach nach erfolgreichen Entwicklungsarbeiten das Bauen mit vorgefertigten Stahlbetonteilen gegen Ende der zwanziger Jahre durch den wirtschaftlichen Niedergang ab, der alle Industriezweige und damit auch besonders die Bautätigkeit lähmte. Neuen Auftrieb erhielt der Fertigteilbau im Zweiten Weltkrieg infolge einer Notlage. Beim Bauen mußte die Mangelware Stahl durch Stahlbeton ersetzt werden, aber es fehlte an Schalungs- und Rüstholz. So erhielt die Stahlbeton-Montagebauweise Bedeutung, besonders für die Bauten der Industrie. Fabrikhallen und Maschinenhäuser entstanden aus vorgefertigten Stahlbetonteilen sowie Rohrbrücken für die chemischen Werke [1, 2,]. Die Tragwerke der Hallen und Brücken waren Balken mit rechteckigen Querschnitten oder Fachwerkträger. Auch fertigte man großflächige Dachelemente im Taktverfahren mit beheizten Formen vor. Dieses später vielfach angewandte Verfahren war damals schon weit fortgeschritten [2].

Die Notlage verblieb noch Jahre nach dem Krieg. In diesen Jahren galt es, die zerstörten Wohnstätten und Industriegebäude mit beschränkten Mitteln wieder herzustellen. Dem Fertigteilbau kam dabei das in jener Zeit noch junge Spannbetonverfahren zu Hilfe mit seinen Möglichkeiten, die benötigten Massen des Bewehrungsstahls und die Montagegewichte zu mindern.

Auch im Brückenbau zeigte die Vorfertigung erste Erfolge. Bereits 1946 begannen die Bauarbeiten zur Wiederherstellung der Moselbrücke in Schweich. Die Bogentragwerke, die den Strom in 3 Öffnungen mit Stützweiten von 46 m überspannen, wurden in zwei Hälften und der Breite nach in zwei 30 cm dicke Lamellen aufgeteilt, am Ufer flach liegend betoniert und von einem Schwimmkran eingebaut [3].

Bei der Entwicklung der aus der Not geborenen Fertigteilverfahren hatte man die wirtschaftlichen Möglichkeiten der Wiederholung gleicher Teile schätzen gelernt. Die Bausysteme wurden darauf abgestimmt, und immer größer wurde die Zahl der stationären Werke, die sich mit der serienmäßigen Herstellung der Einzelteile befassen. So bildete sich ein eigenständiger Zweig des Stahlbetonbaues, der dem Bauen die Möglichkeit des Industrialisierens erschloß, ein Gebiet, auf dem das am Althergebrachten hängende Baugewerbe mit der allgemeinen Entwicklung der Technik nicht Schritt gehalten hatte. Freilich sind die den Bauaufgaben zugrunde liegenden Verhältnisse wesentlich verschieden von den Bedingungen, die die Produktion anderer Industrieerzeugnisse bestimmen, da die Gestaltung der Bauwerke von den örtlichen Gegebenheiten und von dem jeweiligen Verwendungszweck abhängig ist. Aber diese Schwierigkeiten sind durch eine zielstrebige Rationalisierung der Bauverfahren und durch Bausysteme zu beheben, die durch Typisierungen die serienmäßige Herstellung der Elemente fördern. Die Rationalisierung des Bauens ist zur Zeit ein besonders dringendes Erfordernis des rasch ansteigenden Bedarfs der modernen Gesellschaft an Bauten jeglicher Art. Eine Einsparung an Arbeitskräften ist um so wichtiger, als sich deren Abgang zu anderen Industriezweigen sowie das Fehlen des Nachwuchses immer stärker bemerkbar macht. Die jungen Menschen zieht es zu Tätigkeiten, die unter saison- und witterungsunabhängigen Bedingungen leicht auszuführen sind, aber erhöhte Fertigkeiten erfordern.

Die Möglichkeit des Industrialisierens bieten sowohl die stationären Fabriken, in denen die Fertigteile unabhängig von der Witterung mit fest installierten Vorrichtungen maschinell hergestellt werden, als auch die auf den Baustellen rationell arbeitenden Werkplätze. Die Herstellung in der Fabrik bedingt einen Antransport der oft schweren und sperrigen Stücke. Bei der Vorfertigung auf der Baustelle lassen sich dagegen serienmäßig große Elemente herstellen, deren Einbau unmittelbar von der Fertigungsstätte aus möglich ist und die nur wenige, Arbeit und konstruktive Schwierigkeiten verursachende Anschlußstellen bedingen. Jedoch ist bei den Baustellenverfahren zu überlegen, wie man den Witterungseinflüssen begegnen kann.

Voraussetzung für den Erfolg des industrialisierten Bauens ist zunächst ein einheitlicher Maßmodul, der die Typisierung der Elemente und damit das Bauen mit Systemen ermöglicht. Eine weitere Voraussetzung ist das werkgerechte Planen. Architekt, Ingenieur und Unternehmer müssen von der ersten Aufgabenstellung an zusammenarbeiten und ihre Belange aufeinander abstimmen. Die technischen Baubestimmungen müssen fortschrittliche Entwicklungen berücksichtigen, und schließlich sind bei den Ausschreibungen die Vergabebedingungen den Erfordernissen der Industrialisierung anzupassen. Die Vergabe bereitet immer noch Schwierigkeiten, mit denen die serielle Fertigung anderer Konsumgüter nicht zu rechnen hat.

Trotz der großen Möglichkeiten des Fertigteilverfahrens darf man aber nicht von ihm allein die Industrialisierung des Bauens erwarten. Die Rohbauarbeiten sind nur ein Teil des gesamten Werkes, und von einer Industrialisierung kann man erst reden, wenn die Ausbauarbeiten einbezogen sind.

Auch die Ortbetonbauweise wird ihre Bedeutung behalten. Längst ist man bei diesem Verfahren davon abgekommen, in herkömmlicher Weise auf der Baustelle zu improvisieren. Die Baufirmen haben die Arbeitsvorbereitung in ihre Konstruktionsbüros verlegt. Dort beschäftigen sich besondere Abteilungen mit der Planung des rationellen Ablaufes der Arbeiten auf der Baustelle und mit dem Einsatz rationeller Schalungen und Rüstungen, für die Spezialfirmen vorteilhafte, den verschiedenen Verhältnissen anpaßbare, stählerne Vorrichtungen entwickelt haben. Auch ist zu bedenken, daß es einfacher und billiger ist, formlosen Beton zu handhaben als fertige, bruchgefährdete Stücke zu transportieren und einzubauen.

Nicht jede Bauaufgabe ist optimal nur mit Fertigteilen zu lösen. In vielen Fällen ist eine Verbindung beider Bauweisen sinnvoll. So ist es vorteilhaft, die Treppen- und Aufzugsschächte und sogar die Außenwände im Gleitschalungsverfahren herzustellen und Installationszellen, Brüstungen sowie Treppen und Geschoßdecken als Fertigteile einzubauen.

Die Beurteilung der technischen Güte geschlossener Fertigteilkonstruktionen richtet sich nach dem Vergleich mit entsprechenden Lösungen in Ortbetonbauweise, deren Eigenart darin besteht, daß alle Elemente durch die Herstellung aus einem Guß monolithisch miteinander verbunden sind. Der Fertigteilbau muß dagegen die einzelnen, getrennt hergestellten Stücke nachträglich zusammenfügen und danach trachten, dabei die monolithischen Vorteile des Ortbetons zu wahren. Die Verbindungen der Fertigteile gewinnen dabei eine besondere Bedeutung.

1. Die Übertragung der Anschlußkräfte in den Fugen der Fertigteile

1.1. Die Übertragung der Druckkräfte

1.1.1. Die Mörtelfuge

Ein vorteilhaftes, dem Wesen des Betons entsprechendes Mittel der Druckübertragung zwischen Fertigteilen ist die dünne Fuge aus hochwertigem Zementmörtel. Der Mörtel paßt sich den Unebenheiten in den Anschlußflächen sowie deren beim Herstellen oder beim Montieren entstandenen Verdrehungen in natürlicher Weise an und gleicht Maßungenauigkeiten in den Längen der vorgefertigten Teile aus. So zusammengefügte Fertigteile sind den aus einem Guß entstandenen monolithischen Konstruktionen gleichwertig.

1.1.1.1. Die Festigkeit des Fugenmörtels

Die Druckfestigkeit des Mörtels in dünnen Fugen ist sehr hoch. Durch den Reibungswiderstand in den Anschlußflächen wird die Querdehnung der Mörtelschicht so stark behindert, daß sich die günstigen Festigkeitsverhältnisse des dreiachsigen Spannungszustandes einstellen (Abb. 1). Die

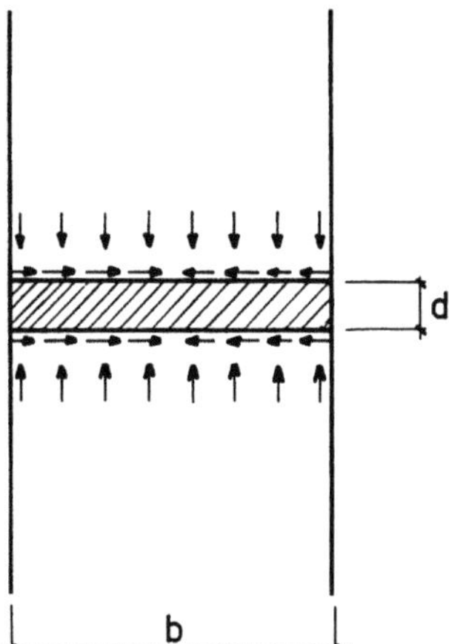

Abb. 1. Behinderung der Querdehnung in einer Mörtelfuge durch die tangentialen Reibungskräfte

Festigkeit der Mörtelfuge wird also wesentlich bestimmt durch das Verhältnis der Dicke d zur kleinsten Fugenbreite b. Außer der Mörtelfestigkeit β_M hat noch die Betonfestigkeit β_B der Fertigteile einen Einfluß, da die Reibungskräfte in den Anschlußflächen dort Querzugspannungen erzeugen. Über die Festigkeit des Mörtels in dünnen Fugen sind von verschiedenen Instituten Versuche gemacht worden [4, 5, 6, 7].

Auf diesen Ergebnissen fußend, hat STILLER in [8] für die zulässigen Pressungen folgende Formel aufgestellt:

$$\sigma_{zul} = 10\frac{b}{d} + 0,5\,\beta_M \leqq \frac{\beta_B}{3}.$$

Hierin ist β_M die Mörtelfestigkeit und β_B die Betonfestigkeit der anzuschließenden Fertigteile. Diese Formel enthält einen Sicherheitswert $\nu = 2$.

Nach DIN 1045 neu 17.3.4 ist für Mörtel gemäß 6.7.1 die zulässige Fugenpressung $\sigma = \beta_R/2{,}1$, wenn $b/d \geqq 7$. Hierin ist β_R der Rechenwert der Festigkeit des Fertigteils und b dessen kleinste Breite. Bei Teilflächenbelastung ist σ_{zul} höher, jedoch sind dann mögliche Spaltzugkräfte zu berücksichtigen.

Häufig kommt es vor, daß wegen des Fortschrittes der Montage die Fuge schon bald nach der Herstellung belastet werden muß. Einen Aufschluß über diese Frage vermittelt das folgende Ergebnis eingehender Versuche des Instituts für Massivbau an der Technischen Universität Karlsruhe [4] und [5]. Die frühen Festigkeiten β_S der Mörtelfugen sind für verschiedene Ver-

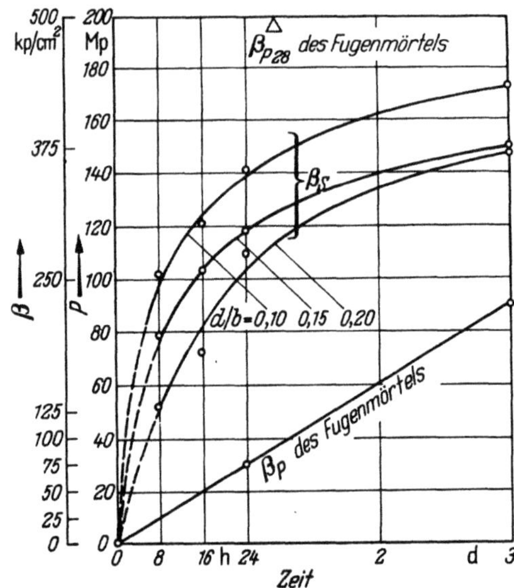

Abb. 2. Fugenfestigkeiten β_S für verschiedene Verhältnisse von Fugendicke d zu Querschnittsbreite b in Abhängigkeit von der Zeit

hältnisse d/b in Abb. 2, S. 2, dargestellt [5]. Danach hat eine dünne Fuge mit dem Verhältnis $d/b = 0,10$ und einer Prismenfestigkeit des Mörtels $\beta_{P28} = 500$ kp/cm² bereits nach 8 Stunden eine Festigkeit $\beta_S = 250$ kp/cm². Zum Vergleich sind in dem Bild die entsprechenden Werte β_P des Fugenmörtels vermerkt. Der Vergleich zeigt anschaulich den raschen Anstieg der frühen Festigkeit in dünnen Mörtelfugen.

STILLER hat bei der Entwicklung der oben erwähnten Formel auch die Karlsruher Versuche einbezogen. Da sich mit dieser Formel die jeweiligen Mörtelfestigkeiten berücksichtigen lassen, bietet sie bei der Beurteilung der frühen Festigkeit einer Mörtelfuge einen zuverlässigen Anhalt.

Solange der Mörtel eine geringe Festigkeit hat, lockert er sich bei einer Druckbeanspruchung an den Fugenrändern. Auch hierüber wurden an der T. U. Karlsruhe Versuche gemacht. Das Ergebnis ist in Abb. 3 darge-

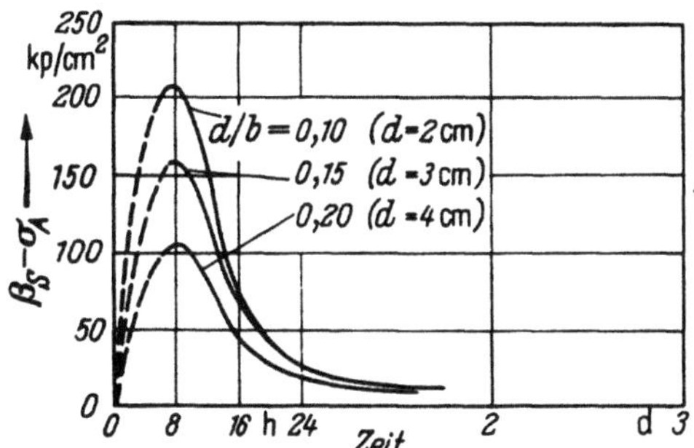

Abb. 3. Differenz $\beta_S - \sigma_A$ für verschiedene Verhältnisse d/b in Abhängigkeit von der Zeit

stellt [5]. Ist σ_A die Spannung, bei der eine Auflockerung des Fugenrandes eintritt, so ist die Differenz $\beta_S - \sigma_A$ bereits bei einer Mörtelfestigkeit $\beta_P = 75$ kp/cm² nur noch unbedeutend, d. h. die Fuge trägt in ihrer ganzen Breite.

Nach DIN 1045 neu 19.5.4. sollen die druckbeanspruchten Fugen zwischen Fertigteilen mindestens 2 cm dick sein, damit sie sorgfältig mit Mörtel ausgefüllt werden können. Ein geschmeidiger Mörtel läßt sich in 2 bis 3 cm dicken Fugen gut verarbeiten, auch wenn die Fugen breiter als 30 cm sind. Als Mischungsverhältnis ist zu empfehlen:

Sand Korngruppe 0 bis 3 mm

Portlandzement Z 475

Mischungsverhältnis 2,5 : 1

Wasser-Zement-Wert W : Z = 0,6

Mit diesem Mörtel wurden auch die an der T. U. Karlsruhe untersuchten Fugen ausgeführt.

Vor dem Einbringen des Mörtels sind die Anschlußflächen gut anzufeuchten.

1*

1.1.1.2. Ausführung bei zusammenzuspannenden Fertigteilen

Die Mörtelfuge hat sich vielfältig bei der Herstellung von Tragwerken aus zusammengespannten Fertigteilen bewährt. Bei diesem Verfahren, über das später noch berichtet wird, ist darauf zu achten, daß der Fugenmörtel nicht in die beim Aufstellen der Einzelteile noch leeren Spannkanäle dringt und hierdurch das Einfädeln der Drahtbündel erschwert. Im Bereich der Fugen eingeführte kurze Rohrstücke können erfahrungsgemäß nicht verhindern, daß sich die Kanäle verstopfen. Ein zuverlässiges Mittel, sie von Mörtel freizuhalten, sind Gummischläuche, deren Durchmesser sich mit geringem Spielraum dem Durchmesser der Kanäle anpaßt (Abb. 4). Die Schläu-

Abb. 4. Schlauchkette mit den Anschlüssen an eine Druckluftflasche. Bei der Anwendung liegen die Verdickungen in den Fugenbereichen und verhindern das Eindringen des Fugenmörtels in die Spannkanäle

che übergreifen die Fugen in beiden Richtungen um etwa 40 cm. Auf den freien Strecken zwischen den Fugen sind sie durch dünne Plastikschläuche zu einer Kette miteinander verbunden. Vor dem Vermörteln der Fugen erzeugt eine Druckluftflasche oder ein Kompressor in den Schlauchketten einen Überdruck von 2 atü. Dabei pressen sich die im Bereich der Fugen liegenden Schlauchstücke gegen die Leibungen der Kanäle und verschließen diese hermetisch gegen das Eindringen des Mörtels. Solche Schlauchketten sind in Längen bis zu 120 m angewandt worden. Es empfiehlt sich, vor dem Einziehen der Ketten die Gummistücke zur Erleichterung des Gleitens mit einem Schmiermittel zu streichen.

Nach dem vorher über die Frühfestigkeit dünner Mörtelfugen Dargelegten kann man eine Vorspannung so rechtzeitig aufbringen, daß der Ablauf einer zügigen Montage gewährleistet ist. Wenn jedoch in besonderen Fällen eine noch kürzere Erhärtungsdauer erforderlich wird, kann ein Kunststoffmörtel den Zementmörtel ersetzen. Durch das Mischungsverhältnis der Harzkomponenten läßt sich bei Berücksichtigung der Temperatur die Erhärtungsdauer genau abstimmen. Mit diesem Mörtel kann man bei Außentemperaturen arbeiten, die unter null Grad C liegen. Dann ist jedoch eine elektrische Beheizung der Fugen erforderlich. Hierzu wird ein isolierter Heizdraht in Schlaufen auf ein Maschendrahtnetz geknüpft und mit diesem in die entsprechende Fuge verlegt. Sodann wird der Mörtel eingebracht und die Stromquelle angeschlossen. Infolge der Erwärmung erhärtet der Mörtel so rasch, daß die Montagearbeiten auch bei Frostwetter keine Unterbrechung erleiden. Den Erfolg dieses Verfahrens hat die Anwendung bei einem Winterbau bestätigt.

1.1.2. Die Dünnschichtfuge aus Polyesterharz

Bei der bisher geschilderten Art der Stoßfugen haben die zu verbindenden Teile auf dem Montagegerüst bereits ihre endgültige Stellung eingenommen, so daß der Mörtel nachträglich in den Fugenspalt einzufüllen ist. Eine andere Art, vorgefertigte Stahlbetonteile zur Druckübertragung miteinander zu verbinden, ist die Dünnschichtfuge aus Kunstharz, das vor dem Zusammenschließen der Fertigteile auf deren Stirnflächen gestrichen wird. Auch hierbei steuert die Beimischung eines Polyamids den Ablauf der Erhärtung. Dieser Mischung kann zur Verringerung des Bedarfs an Harzmaterial feines Quarzmehl beigefügt werden.

1.1.2.1. Anwendung bei zusammenzuspannenden Fertigteilen

Solche Dünnschichten aus Kunstharz eignen sich besonders zum Zusammenfügen von Montageteilen, die mit Rücksicht auf eine vereinfachte Vorfertigung in Einzelstücken hergestellt werden. Die sorgfältig gesäuberten Berührungsflächen erhalten zunächst einen Grundanstrich. Dann trägt die Spachtel den Kunststoff 2 bis 3 mm dick auf. Nach dem Zusammensetzen der einzelnen Stücke werden die noch weichen Kunststoffschichten mit einer Spannung von 10 bis 15 kp/cm² überdrückt. Dabei füllt das Material die Unebenheiten der Anschlußflächen aus. Ein Ausgleich von Toleranzen in den Längen infolge Ungenauigkeit der Herstellung und infolge des Schwindens der längere Zeit gelagerten Stücke ist jedoch nicht möglich. Diese Toleranzen müssen im Bauwerk auf andere Weise berücksichtigt werden.

Während der zum Anpressen erforderliche Druck aufgebracht wird, sind die einzelnen Stücke so zu führen, daß sich die Fugenmasse gleichmäßig zusammendrückt und die Einzelteile nicht von der Gesamtachse abweichen. Das ist jedoch stets in einfacher Weise möglich, wie die folgenden Beispiele zeigen.

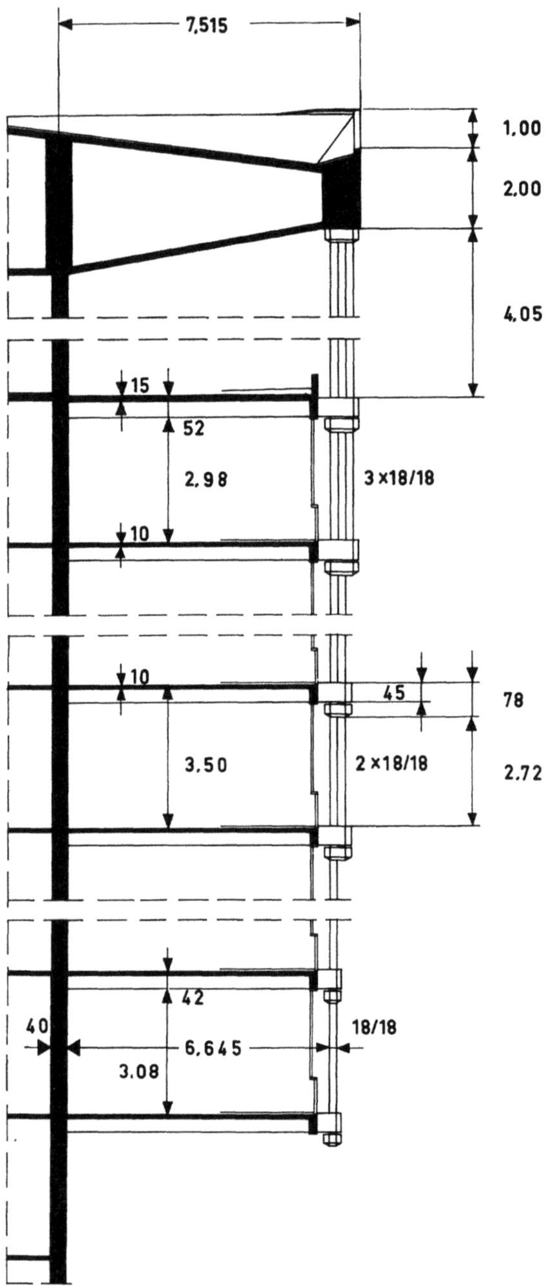

Abb. 5. Die Hängesäulen des Rathauses Marl in Westfalen

Die vorzuspannenden Hängesäulen der Turmbauten des Rathauses Marl i. Westf. waren in geschoßhohen Einzelteilen vorzufertigen (Abb. 5, S. 6). Die große Zahl der gleichen Stücke sicherte den Erfolg der Serienfertigung. Die später beschriebene statische Wirkungsweise erforderte jedoch an den Säulenköpfen kapitälartige Vorsprünge, die in verschiedenen Geschossen mit einem dem Stützenquerschnitt entsprechenden Durchbruch zu versehen waren. Zur Vereinfachung der Schalungsformen wurden die Kapitäle und die Schäfte getrennt hergestellt. So konnten die Rütteltische die Schäfte in Batterien zu je 5 Einzelteilen auf engem Raum zusammengefaßt übernehmen. Auch die getrennte Herstellung der Kapitäle vereinfachte sich durch dieses Verfahren.

Die so vorgefertigten Einzelteile wurden mit einer Schicht aus Kunststoff und Quarzmehl zusammengefügt. Dazu wurden sie auf einer Bühne achsgerecht hintereinander aufgestellt, wobei die Schäfte auf Rollen verschieblich gelagert waren (Abb. 6). Ein Rohr, dessen äußerer Durch-

Abb. 6. Rathaus Marl. Die Verbindung der Schäfte mit den Kapitälen

messer der Weite des für die spätere Vorspannung angelegten Kanals entsprach, sicherte die axiale Führung beim Zusammenpressen, und ein durch dieses Rohr geführter, am Ende mit einer Schraubenmutter versehener Rundstahl übertrug beim Anziehen der Mutter die erforderliche Preßkraft auf die Einzelteile.

In ähnlicher Weise wurden die Stahlbetonstützen für den Lehrtrakt der Pädagogischen Hochschule in Ludwigsburg hergestellt. Zur Anwendung des Hubdeckenverfahrens waren die 18 m hohen Stützen mit dem einheitlichen Querschnitt von 50 cm/50 cm in einem Stück vorzufertigen und zu montieren. Vom Architekten war gefordert, daß alle vier Seiten die gleiche Struktur des Sichtbetons zeigten. Deshalb wurden die Stützen in geschoßhohen

Einzelteilen im Werk aufrechtstehend betoniert und auf der Baustelle nach dem oben beschriebenen Verfahren in waagerechter Lage auf Rollen gleitend zusammengefügt. Hierbei sicherten seitliche, genau ausgerichtete Stahlpfosten die Geradeführung (Abb. 7). Mit Rücksicht auf die Montagezustände erhielten die Stützen eine Vorspannung.

Abb. 7. Pädagogische Akademie Ludwigsburg. Vorrichtung zum Zusammenpressen der Kunstharzfugen zwischen den vorgefertigten Teilstücken der 18 m langen Stützen

Eine Anwendung der dünnen Polyesterschichten beim Zusammenfügen der vorgefertigten Teilstücke von Biegeträgern zeigt das folgende Beispiel der Dachbinder, die 33 m weit die Räume der Sporthalle und der Schwimmhalle des städtischen Sportleistungszentrums in Wuppertal überspannen.

Gestalt und Abmessungen dieser Träger zeigt Abb. 8, S. 9. Die Achsen haben Abstände von 7,5 m. In den Stegen liegen 4 Spannbündel für Spannkräfte von je 120 Mp, und außerdem liegt an den Außenkanten der unteren Flansche je ein 50-Mp-Bündel.

Ein Fertigteilwerk stellte die Binder in 3 Teilstücken her. Dabei wurden die Spannkanäle mit Hüllrohren freigehalten, in die nach dem Zusammenbau die Spannbündel gefädelt wurden. Während die Einzelteile noch auf dem Boden ruhten, wurden die Anschlußflächen grundiert. Sodann trug die Spachtel die 3 mm dicke, mit Quarzmehl gemischte Kunstharzschicht auf (Abb. 9, S. 10). Die so vorbereiteten Stücke setzte der Kran mit einem lichten Zwischenraum von nur einem Zentimeter auf die in den Fugenbereichen montierten Stahlgerüste. Zur Führung dienten dabei die später in Abschnitt 2.1.4 beschriebenen Montageböcke (Abb. 10, S. 10). Hierauf wurde das oberste Spannglied eingefädelt und vorgespannt, so daß die Fuge sich schloß und die Kunstharzschicht zusammengepreßt wurde. Da die beiden äußeren

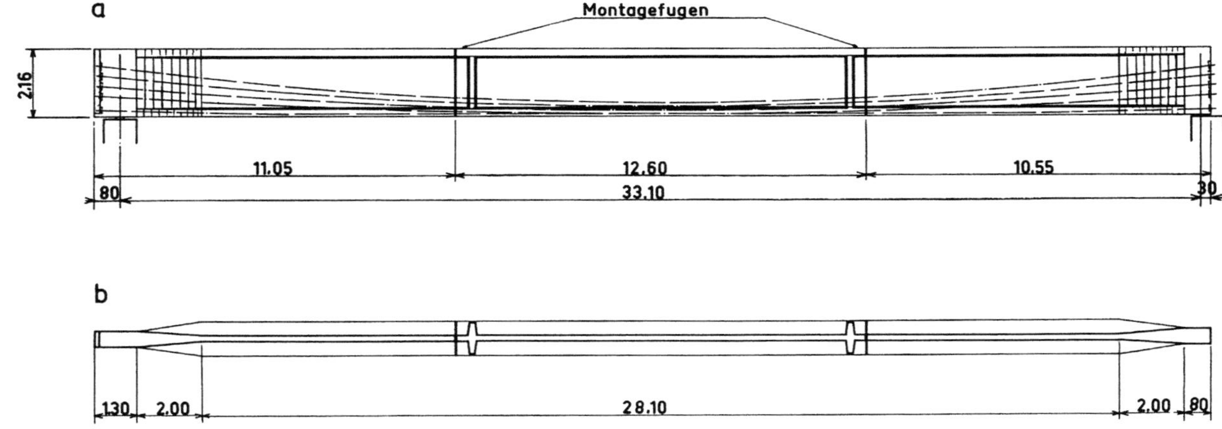

Abb. 8. Sporthallen Wuppertal. Dachbinder in 3 Teilen vorgefertigt und mit Kunstharz zusammengefügt. a Ansicht, b Horizontalschnitt, c Querschnitt

Abb. 9. Die Kunstharzschicht wird aufgetragen

Abb. 10. Die Montage der Einzelteile

Stücke bereits auf den Neoprenelagern ruhten, mußten diese die dem anfänglichen Fugenspalt und der Zusammendrückung der Kunstharzschicht entsprechende Verschiebung gestatten. Dieser Forderung wurde die Dicke der Kissen gerecht. Anschließend wurden die übrigen Spannbündel eingezogen und vorgespannt, so daß die Binder ihre volle Tragfähigkeit erhielten und die Unterstützungsgerüste zur nächsten Verwendungsstelle verschoben werden konnten.

Abb. 11. Die fertigen Binder

Ein besonders bemerkenswertes Beispiel für die Verwendung dünner Polyesterfugen im Hochbau sind die Schalendächer des Opernhauses in Sydney (Abb. 12, S. 12).

Die Schalen bestehen aus schuppenförmigen Fertigteilen. Diese fügen sich zu gebogenen Strängen zusammen, die sich fächerförmig von den zentralen Fußpunkten zu den Dachgraten erheben. Quer zur Fächerrichtung ergaben sich Serien gleicher Elemente, wie an der im Hintergrund des Bildes sichtbaren Schale erkennbar ist. Damit die Fertigteile in den Fugen aufeinanderpaßten, wurden sie auf dem Werkplatz, ihrem Einbauzustand entsprechend, zusammenliegend betoniert. Die Randflächen grundierte man bis zu 10 Tagen vor dem Einbau mit einer 0,8 mm dicken Kunstharzschicht. Kurz vor der Montage säuberte man diese Flächen mit Alkohol und brachte

Abb. 12. Die Schalendächer des Opernhauses in Sydney. Die vorgefertigten Elemente sind mit Kunstharz zusammengefügt. Photo: dpa-Bild

mit der Spachtel die Klebeschicht aus Kunstharz je nach Bedarf 0,4 bis 2,4 mm dick auf. Die Fugen wurden im noch plastischen Zustand des Kunstharzes durch eine Vorspannung überdrückt.

Besondere Bedeutung hat die dünne Kunstharzfuge im Brückenbau erlangt. Quer über die ganze Brückenbreite verlaufende Fugen zerlegen die kastenförmig gestalteten Tragwerke in Einzelteile, deren Länge in Brückenachse sich nach dem zu bewältigenden Transportgewicht richtet. Die Stücke werden auf der Baustelle hergestellt und bei der Montage im freien Vorbau oder mit Hilfe eines verschieblichen Stahlgerüstes zusammengesetzt, wobei eine dünne Kunstharzfuge den Anschluß herstellt und eine Vorspannung fortlaufend die Tragwirkung sichert. Dieses Verfahren wurde besonders von französischen Ingenieuren erprobt und weiterentwickelt. Beim Bau mehrerer großer Brücken führte es zu einer bedeutenden Verkürzung der Bauzeit.

Die Anwendung dünner Polyesterfugen ist jedoch mit Schwierigkeiten verbunden, und sie erfordert Erfahrung und besondere Umsicht. Vor dem Auftragen des Grundanstriches sind die Anschlußflächen zu trocknen, mit dem Sandstrahl zu säubern und mit Salzsäure zu behandeln, deren Wirkung hinterher wieder zu neutralisieren ist. Besondere Maßnahmen erfordert die Bedingung, daß die Anschlußflächen der einzelnen Fertigteile bei der Verwendung von reinem Kunstharz genau aufeinander passen müssen. Solche nur Bruchteile eines Millimeters dicke Fugen sind nicht in der Lage, geringe Ungenauigkeiten in den Berührungsflächen auszugleichen. Damit die Anschlußflächen übereinstimmen, betoniert man die Stücke auf dem Werkplatz hintereinander in der gleichen Lage, die sie im Bauwerk einnehmen, wobei die erhärtete Stirnfläche des einen Stückes die Schalung des nächsten bildet. Schwierig wird hierbei das Anpassen an den Gradienten der Brücke und an einen Querschnittwechsel.

Die dünnen Polyesterfugen dienen nicht zur Druckübertragung. Sie haben den Zweck, zwischen den zusammengespannten Fertigteilen die Aufnahme der Schubkräfte zu sichern und die Fugen gegen eindringende Feuchtigkeit zu verschließen.

Anwendungen s. Abschnitt 3.5.1.

1.2. Die Übertragung der Zugkräfte

1.2.1. Schlaufenverbindungen

Es ist üblich, Zugkräfte durch Anschlußstähle zu übertragen, die man aus den Fertigteilen in gerader Form oder in Schlaufen herausragen läßt und mit Beton oder Mörtel umgibt. Über Schlaufenverbindungen hat Prof. Dr.-Ing. G. FRANZ im Institut für Massivbau an der T. U. Karlsruhe eingehende Versuche gemacht [9]. Zur Ermittlung der Stahlspannungen im Bereich der Schlaufen wurden die Stähle entlang der Mittelachsen aufgeschlitzt und gemäß Abb. 13 mit Dehnungsmeßstreifen versehen. Nachträglich füllte ein Kunstharz die Schlitze aus. Das Ergebnis der Messungen zeigt Abb. 14, S. 14. Danach nehmen die Zugspannungen in den Schlaufen bis zum Wert Null ab, den sie am Ansatz der graden, in der Druckzone liegenden Schenkel erreichen.

Die Biegeversuche wurden an einer großen Zahl von Platten mit Dicken von 12 bis 29 cm und mit Würfelfestigkeiten von 300 kp/cm² durchgeführt. Verändert wurden hierbei die Durchmesser der Stäbe, die Übergreifungs-

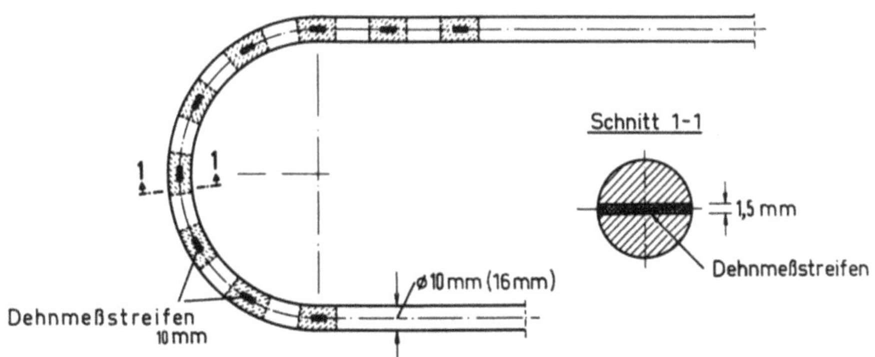

Abb. 13. Schlaufenversuche der T. U. Karlsruhe. Anordnung der Dehnungsmeßstreifen in einem aufgeschlitzten Stab

längen und die Abstände der Schlaufen. Der Bewehrungsanteil der Querschnitte war so bemessen, daß der Stahl seine Streckgrenze von 2400 kp/cm² erreichte, bevor der Beton in der Druckzone brach. Nach diesen Versuchen ist die Tragfähigkeit von Schlaufen mit Stahldurchmessern bis zu 14 mm nicht wesentlich verschieden von der einer durchgehenden Bewehrung, wenn

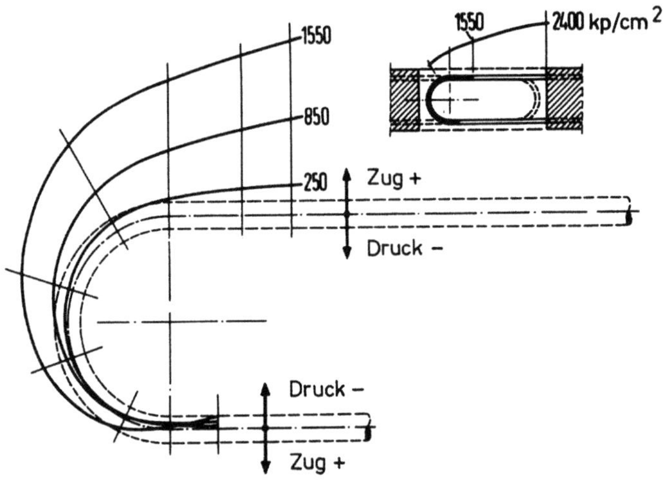

Abb. 14. Meßergebnis der Versuche. Spannungsdiagramm

der innere Schlaufendurchmesser Φ_s gleich ist dem 14fachen Stabdurchmesser Φ_e. Ist $\Phi_s < 14\ \Phi_e$, muß ein Teil der Zugkraft in den geraden Schenkeln der Schlaufen übertragen werden. Die Stäbe der einzelnen Schlaufenpaare müssen nahe beieinanderliegen, die äußerste Schlaufe muß einen ausreichenden Abstand von der Betonaußenfläche haben, und ferner sind in den Außenbereichen die Querzugspannungen im Beton zu berücksichtigen. Diese Forderungen werden geregelt durch Bestimmungen in der DIN 1045, die auf den Karlsruher Versuchen fußen. Entsprechend dem bei diesen Versuchen ermittelten Spannungsverlauf in den Krümmungen verzichten die Bestimmungen auf die geraden Schenkel in der Druckzone, so daß nur noch Haken erforderlich sind, die über die ganze Querschnittshöhe reichen.

1.2.2. Verbindung durch Vorspannung

Die Verbindungen mittels einbetonierter Anschlußstähle sind monolithischen Ausführungen jedoch nicht gleichwertig, da sie Zugrisse in den Grenzflächen des Fugenvergusses ermöglichen. Vielfach haben sie auch zu verwickelten, das Betonieren erschwerenden Formen der Bewehrungsstähle geführt. Diese Nachteile entfallen, wenn eine nach dem Zusammenbau aufgebrachte Vorspannung die vorgefertigten Teile miteinander verbindet.

Zusammengespannte Konstruktionen gewährleisten nicht nur in den Anschlußfugen eine Übertragung der Zugkräfte, die den monolithischen Verbindungen gleichwertig ist, sondern die Vorteile des Spannbetons kommen den Tragwerken insgesamt zugute.

1.2.2.1. Vorgespannte Bolzen

Je nach der Gestalt der Fertigteile leisten vorgespannte Ankerbolzen gute Dienste zum Überdrücken der Zugzonen, z. B. bei der Verbindung der Riegel und Stützen rahmenartiger Tragwerke (Abb. 15).

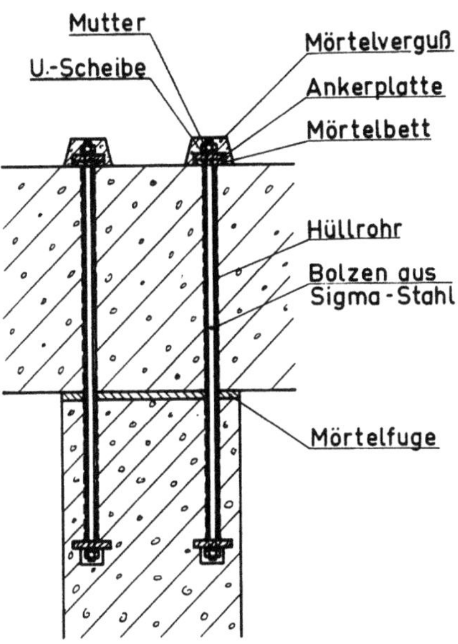

Abb. 15. Verbindung von Fertigteilen durch vorgespannte Bolzen

Bei solchen Verbindungen bestimmen zwei Gegebenheiten die für die Ausführung zu treffenden Maßnahmen, nämlich die Verankerung der Zugstäbe im Innern eines der zu verbindenden Fertigteile einerseits und andererseits das Spannen und Verankern außerhalb der Fertigteile. Zum Freihalten der Kanäle sind die im Spannbeton üblichen gewellten Hüllrohre den glatten Stahlrohren vorzuziehen, weil sie in ihrer Längsrichtung keine Steifigkeit besitzen. Stahlrohre würden wegen ihres Kontaktes mit den Ankerplatten einen Teil der Vorspannung dem Beton und damit dem Fugenmörtel vorenthalten. An die Hüllrohre schließen sich die Ankerplatten entweder mit Stutzen an, die ein Eindringen des Betons in die Kanäle verhindern, oder sie werden mit Punktschweißungen und verkitteten Fugen angeheftet.

Die inneren Ankerplatten sind auf ihrer der Druckübertragung abgekehrten Seite mit Schraubenmuttern versehen, in die erst bei der Montage die

Bolzen eingeschraubt werden. Muttern und Platten sind durch einen Kunstharzkleber miteinander verbunden.

Die Achse des Bolzens muß genau senkrecht zur Ebene der Ankerplatte gerichtet sein, so daß die Schraubenmutter ihren Auflagerdruck mit ihrer ganzen Grundfläche überträgt. Verläuft die Oberfläche des Betonstückes infolge einer Ungenauigkeit bei der Ausführung oder der Montage oder auch aus baulichen Gründen schief zur Spannrichtung der Anker (Abb. 16 a), so werden beim Festsetzen der Schraubenmutter diese selbst und der Bolzen zusätzlich durch Biegemomente beansprucht. Schädliche Folgen lassen sich dadurch vermeiden, daß man beim Einbringen des Fugenmörtels die Ankerplatte durch vorläufiges Unterkeilen und Anziehen der Schraubenmutter in der richtigen Lage hält (Abb. 16 b). Eine zusätzliche Sicherheit bieten die im Maschinenbau üblichen Unterlagscheiben nach DIN 6319, bei denen eine Kugelscheibe und eine Kegelpfanne ineinandergreifen (Abb. 16 c). Diese Scheiben gleichen Schiefstellung der Bolzen bis zu 3° aus.

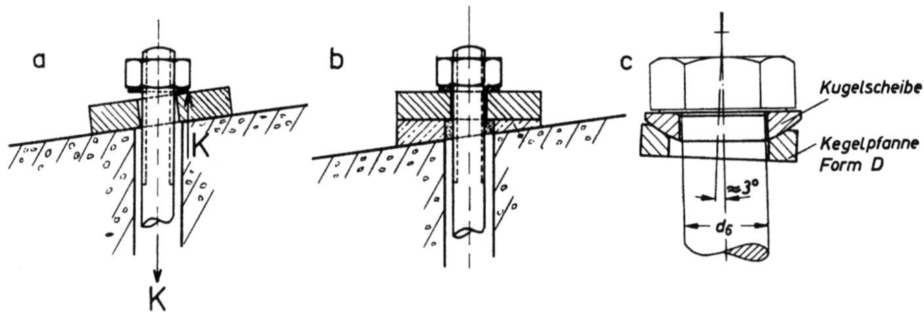

Abb. 16. a Ungünstige Beanspruchung der Schraubenmutter und des Bolzens, wenn dieser nicht senkrecht zur Ankerplatte gerichtet ist, b der Mörtelausgleich schließt die schädliche Beanspruchung aus, c Unterlagscheiben nach DIN 6319

Die gleichen Ungelegenheiten können an der einbetonierten Ankerplatte auftreten. Das läßt sich auf folgende Weise vermeiden (Abb. 17a, S. 17). Beim Betonieren des Fertigteiles hält ein vorläufig in die Ankermutter *a* geschraubter Bolzen *b* die mit der Mutter festverklebte Platte *c* in der richtigen Lage. An der Außenfläche des zu betonierenden Fertigteils verspannt eine Schraubenmutter *d* den Bolzen mit der Schalung, wobei das Hüllrohr *e* den Gegendruck aufnimmt und so das System aussteift. Nach dem Erhärten des Betons wird der vorläufig eingezogene Stab entfernt. Bei der Montage tritt an seine Stelle der durch beide Fertigteile führende Ankerbolzen. Der Stab *b* hält gleichzeitig das Schraubengewinde beim Betonieren frei. Abb.17b, S. 17, zeigt eine Variante, bei der der Stab in die Ankerplatte eingeschraubt ist.

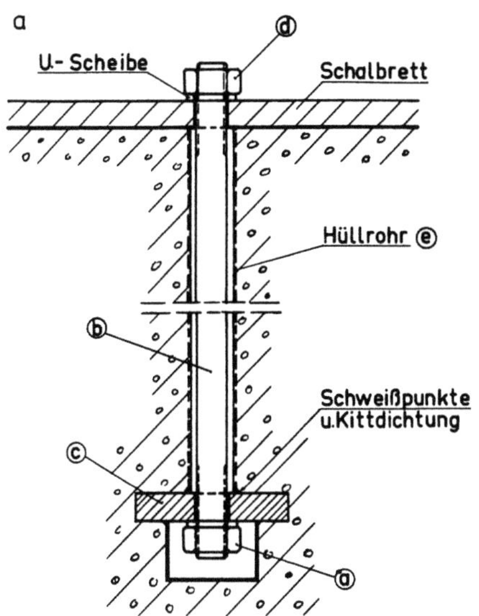

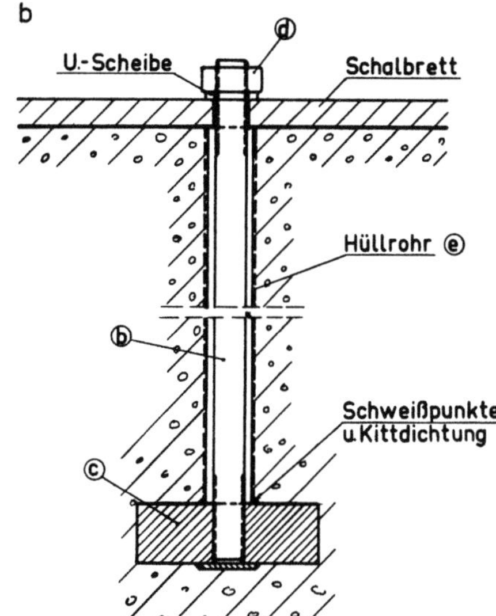

Abb. 17 a. Die Befestigung der Ankerbolzen in den Fertigteilen

Abb. 17 b. Variante zu Abb. 17 a

Die Bolzen aus Spannstahl werden mit Schraubenmuttern der Werkstoffgüte 8 G auf den Stahlplatten verankert. Diese Werkstoffgüte entspricht den Normen für die hochzugfesten Schraubenverbindungen des Stahlbaus.

Mit Rücksicht auf Ungenauigkeiten bei der Ausführung, und da die Fertigteile je nach der Art und dem Ort ihrer Lagerung bis zum Einbau verschieden schwinden können, sind die Aussparungen zum unbehinderten Einführen der Bolzen ausreichend weit vorzusehen. Für einen Stab ⌀ 26 mm muß der Durchmesser des Kanals ≧ 40 mm sein.

1.2.2.2. Ein ausgeführtes Beispiel vorgespannter Bolzen

Eine vorteilhafte Anwendung dieser Verbindungsart zeigt das Beispiel der T-förmigen Stützen einer 1200 m langen Transportbrücke auf dem Gelände des Kraftwerkes RWE, Weisweiler (Abb. 18, S. 18) [10]. Die Ausnutzung des Geländes unter der Brücke zwang zur Anordnung der Stützen in einer unter der Mitte des 6 m breiten Überbaus verlaufenden Flucht. Die Fachwerkbalken des Haupttragsystems ruhen auf Querträgern, die zu beiden Seiten der Stützenköpfe auskragen und mit diesen biegefest verbunden sind. Querträger und Schäfte der T-förmigen Unterstützungen wurden getrennt vorgefertigt. Das erleichterte die Herstellung, den Transport zur Verwendungsstelle und die Montage. Die Aufnahme der Zugkräfte in dem biegefesten Anschluß der Querträger an die Stützenschäfte leisten vorgespannte

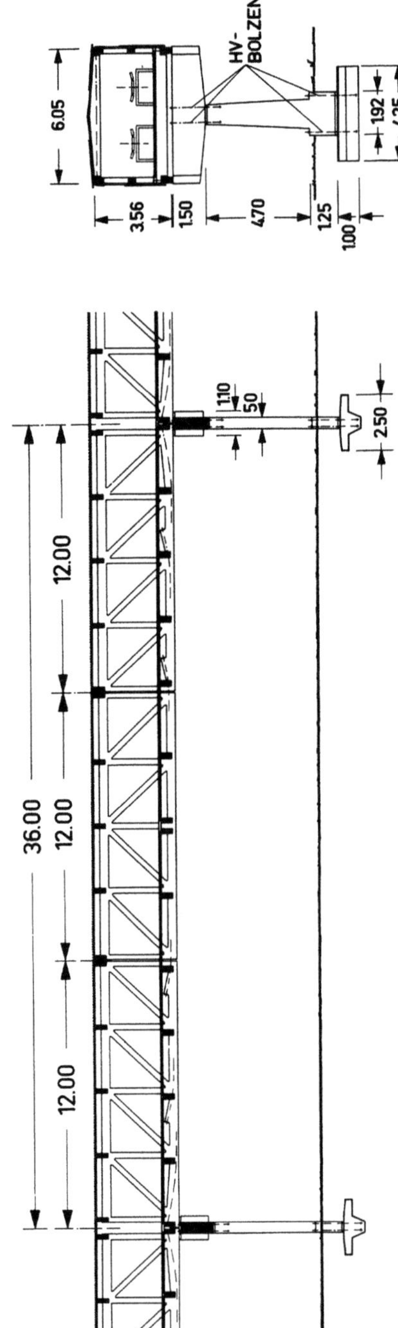

Abb. 18. System der Transportbrücke des Kraftwerkes RWE Weisweiler. Die Fachwerkträger wurden für jedes Feld in 3 Teilen vorgefertigt. Die Stützen sind mit den vorkragenden Riegeln und mit den Fundamenten durch vorgespannte Bolzen verbunden

Bolzen ⌀ 26 St 60/90, die in der Stützenbewehrung ihre Fortsetzung finden (Abb. 19).

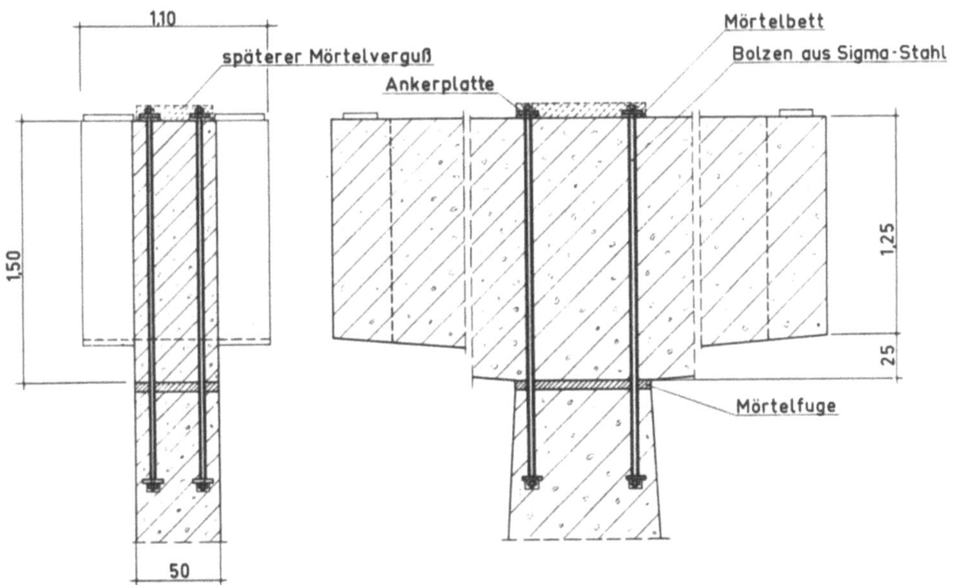

Abb. 19. Die Verbindung der Riegel und der Stützenköpfe

Bei der Vorfertigung der Schäfte bewährte sich das vorhin beschriebene Verfahren zum Einbau der Ankerplatten und der Hüllrohre mittels vorläufig eingeschraubter, gegen die Kopfschalung gespannter Bolzen.

Nach dem Errichten der Stützenschäfte setzte der Kran die auskragenden Enden der Querträger auf Dreirohrstützen ab, so daß nach dem Ausrichten der Fugenmörtel satt eingebracht werden konnte. Auf der Oberseite der Querträger sicherte eine 1,5 cm dicke Fuge die achsgerechte Lage der Ankerplatten.

In der gleichen Weise übertragen vorgespannte Ankerbolzen die Biegezugkräfte aus den Stützenfüßen auf die Fundamente (Abb. 20, S. 20). Bei der Montage hielten schmale Stahlbleche, auf denen die Stützen mit ihren seitlichen Außenkanten ruhten, eine 5 cm dicke Fuge zum Einbringen des Mörtels frei. Die Stahlbleche dienten gleichzeitig zum Ausrichten der Stützen und wurden nach dem Erhärten des Mörtels entfernt.

Diese Art, die Stützenfüße auf die Fundamente zu spannen, bringt eine beachtliche Massenersparnis gegenüber der üblichen Ausführungsart, bei der die Stützen in Vertiefungen eingespannt sind.

Die Fachwerke des Überbaus wurden in 12 m langen Teilstücken auf einem Werkplatz in unmittelbarer Nähe des zu errichtenden Bauwerkes vorgefertigt. Bei der Montage unterfingen Dreirohrstützen die Stoßstellen

2*

(Abb. 21). Nach der Vermörtelung der Fugen und der Einführung der Spannglieder in die Untergurte schloß die Vorspannung die drei Teilstücke der Felder zu Einfeldträgern zusammen. Hier erwies sich der Vorteil der Zugverbindung durch Überdrücken der Arbeitsfugen.

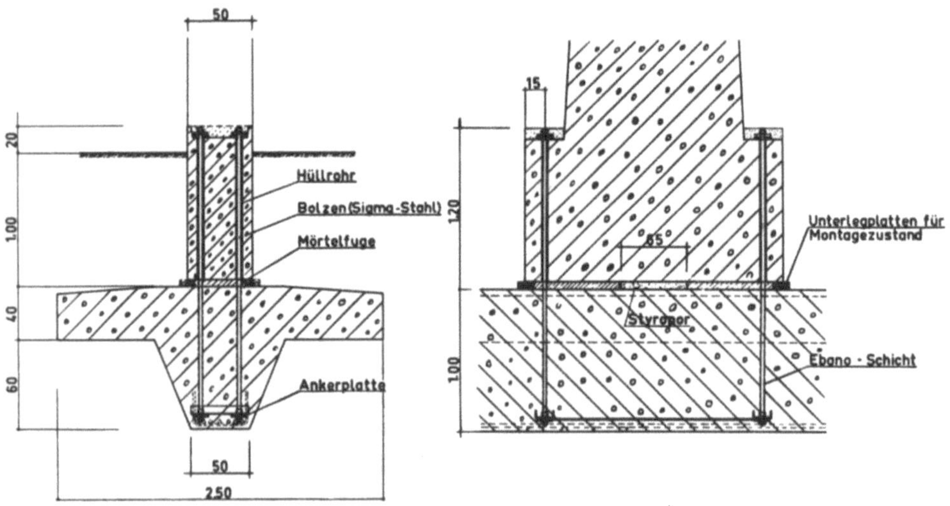

Abb. 20. Die Verbindung der Stützenfüße mit den Fundamenten

Abb. 21. Die Montage eines Fachwerkteiles

1.3. Die Übertragung der Schubkräfte

Zu den wichtigen Aufgaben des Fertigteilbaus gehört der Anschluß der Nebenträger an die Unterzüge. Insbesondere ergeben sich Schwierigkeiten bei der Ausbildung der Anschlußbewehrung, wenn die Oberkanten der zu verbindenden Teile bündig liegen sollen, also bei Konstruktionen, die den am Ort eingeschalten Beton vorteilhaft kennzeichnen.

1.3.1. Anschluß durch die Spannbetonbewehrung

Ein den monolithischen Verbindungen gleichwertiger Anschluß ist jedoch bei einem stumpfen Stoß auch hinsichtlich der Querkraftübertragung gegeben, wenn die zu verbindenden Fertigteile zusammengespannt sind. Auf diese Weise sind z. B. die Dachbalken der vorhin beschriebenen Transportbrücke an die Obergurte der Fachwerkträger angeschlossen (Abb. 18, S. 18). Die durchgehende Spannbewehrung dient zugleich der Aufnahme der Feldmomente.

Abb. 22. Vorrichtung zur vorläufigen Unterstützung und Ausrichtung anzuschließender Fertigteile

1.3.1.1. Unterstützung der zu verbindenden Fertigteile

Bei der Montage der mit einer Vorspannung anzuschließenden Nebenträger ist eine vorläufige Unterstützung ihrer Köpfe erforderlich. Hierzu hat sich die aus Abb. 22, S. 21, ersichtliche Vorrichtung bewährt. Sie besteht aus einem Paar U-förmig gebogener Stahlwinkel, die unterhalb des zu montierenden Balkens durch Traversen miteinander verbunden sind. Diese Stühle werden über die Anschlußstellen gestülpt und mit Schraubenspindeln gegen die Unterzüge festgesetzt. Zwei in den Traversen angeordnete Spindeln richten die Höhenlage der Balkenköpfe aus. Ebenso sichern in den senkrechten Schenkeln der Stühle wirkende Spindeln die genaue Lage in seitlicher Richtung. So liegen die Spannkanäle der Nebenträger und der Unterzüge

Abb. 23. Verschiebliche Arbeitsbühne

achsgerecht gegenüber. Aufgeblasene Gummischläuche verhindern, daß der Fugenmörtel in die Spannkanäle dringt.

Beim Bau der hier beschriebenen Transportbrücke erleichterte eine auf den Obergurten der Fachwerkträger verschiebliche stählerne Bühne den zügigen Ablauf der Arbeiten, insbesondere des Vorspannens (Abb. 23).

1.3.2. Schubfester Anschluß durch vorgespannte Bolzen. Ausgeführte Beispiele

Unter gegebenen Verhältnissen bieten auch vorgespannte Ankerbolzen eine einfache Möglichkeit zur Übertragung von Scherkräften zwischen stumpf aneinander gestoßenen Fertigteilen. Das möge am Beispiel einer Shedkonstruktion gezeigt werden, bei der die winkelförmigen Riegel auf diese Weise an die Rinnenträger angeschlossen sind (Abb. 24, S. 23). Die

Bolzen aus Spannstahl greifen mit ihren Ankerplatten in die unteren Enden der Shedpfetten. Ihr anderes Ende ist in einer Nische des Rinnenträgers verankert. Die Einzelheiten dieser Verankerung entsprechen den unter 1.2.2.1 Beschriebenen. Die Nische im Rinnenträger wird nach dem Spannen der Anker zum Rostschutz mit Mörtel ausgefüllt. Es empfiehlt sich, die Mörtelschicht um einige Millimeter hinter die Seitenfläche des Trägers zurücktreten zu lassen. So fallen die Ansatzstellen sowie die Farbunterschiede des Betons und des Mörtels nicht unangenehm auf.

Auch bei dieser Bauart leisteten die vorhin beschriebenen Aufhängevorrichtungen gute Dienste. Die Anwendung solcher Montagestühle beim Bau der Blumenmarkthalle in Dortmund zeigt Abb. 25, S. 24.

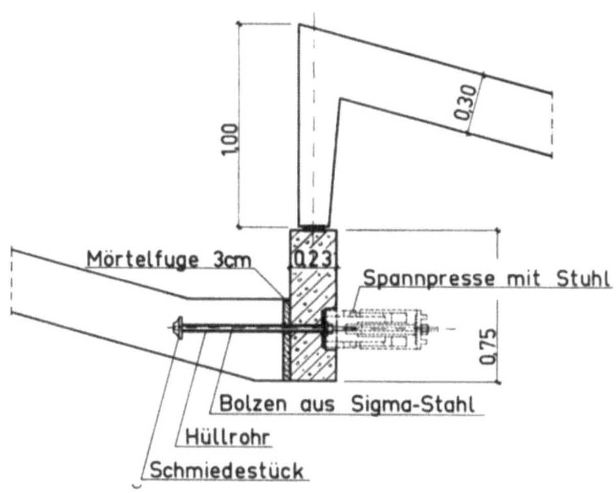

Abb. 24. Schubfester Anschluß eines Shedriegels an den Unterzug

Für die Vorfertigung ist es zweckmäßig, Konsolen und Kragarme, die aus Fertigteilen vorspringen, getrennt herzustellen und durch eine Vorspannung mit der tragenden Konstruktion zu verbinden. Abb. 26, S. 24, zeigt den Querschnitt durch den Torbinder einer Flugzeughalle. Das Tragwerk hat, vermittelt durch Konsolen, die Lasten aus den 23,50 m weiten, vorgespannten Dachbindern aufzunehmen. Nach außen kragt die Überdachung und Haltung der Schiebetore vor. Die Auflagerkonsolen und die Kragbalken über den Toren wurden in winkelförmigen Stücken vorgefertigt, die den Zuggurt der Torbinder unterfahren. Diese Stücke liegen bündig mit den senkrechten Stäben des Binderfachwerkes. Vier vorgespannte Anker aus Sigmastahl 60/90 gewährleisten die Aufnahme der Scherkräfte aus den Lasten der Dachbinder sowie der Momente und Querkräfte aus den Kragbalken des Vordaches.

Abb. 25. Die Anwendung der Montagestühle nach Abb. 22, S. 21, beim Einbau der Shedriegel

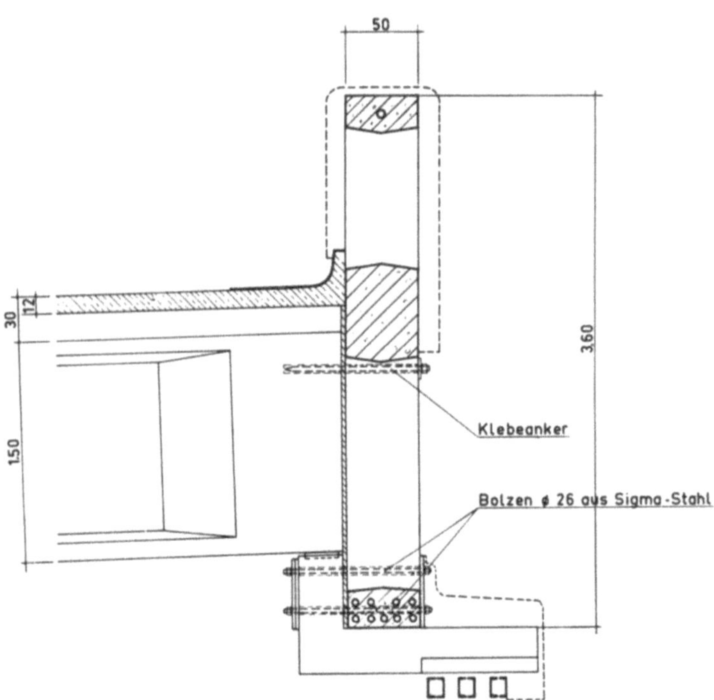

Abb. 26. Querschnitt durch den Torbinder einer Flugzeughalle. Die L-förmigen Kragteile unter den Bindern wurden von diesen getrennt vorgefertigt und durch vorgespannte Bolzen mit den Untergurten schubfest verbunden

Der 38 m weit gespannte Torbinder wurde in 6 Teilstücken vorgefertigt (Abb. 27). Beim Zusammenbau waren die Einzelteile an den Stoßstellen von Rohrgerüsten unterstützt. Diese trugen Bühnen, auf denen die Monteure die für das Anspannen der Konsolen erforderlichen Arbeiten verrichteten. Nach dem Vermörteln der Fugen wurden 9 Spannglieder des Verfahrens Hochtief in den Untergurt gezogen. Die gesamte Spannkraft von 450 Mp schloß die Einzelteile zur einheitlichen Tragwirkung zusammen.

Das Gesetz der Serie war auch für diesen Torbinder erfüllt, da mehrere Hallen in der gleichen Art zu errichten waren.

Besonders wenn kurze Auflagerkonsolen eine hohe Auflast zu übernehmen haben, wie z. B. im Fall der hier beschriebenen Torträger, ist es vorteilhaft, sie getrennt vorzufertigen und mit vorgespannten Ankern anzuschließen. In solchen Fällen benötigt die monolithische Bauart eine dichte Bügel- und Schrägstahlbewehrung, die die Ausführung erschwert und Fehler begünstigt.

Abb. 27. Die Montage der Torbinder

Die Kraft, mit der die Ankerbolzen vorzuspannen sind, ergibt sich aus der mit einem Sicherheitsbeiwert vervielfältigten Scherkraft, dem Reibungsbeiwert in den Anschlußflächen und dem Spannungsverlust, den die Kriechverformung des zwischen den beiden Ankerplatten liegenden Betons bedingt. Nach Versuchen von FRANZ [9] ist in gedrückten Mörtelfugen der Reibungsbeiwert $\mu = 0{,}7$. Das entspricht dem allgemein für die Haftreibung zwischen zwei Betonflächen angenommenen Beiwert $\mu = 2/3$. Für eine aufzunehmende Spannkraft Q ist also die erforderliche Vorspannkraft

$$V = \frac{v \cdot Q}{0,7} \cdot k.$$

Es genügt, mit dem Sicherheitsbeiwert $v = 2{,}0$ zu rechnen. Der Faktor k berücksichtigt den Spannkraftverlust infolge des Betonkriechens. Für die Bestimmung des Kriechverlustes ist eine Annahme über die Verteilung der Betondruckspannungen zwischen den Ankerplatten zu treffen. Diese Spannungen sind am größten unmittelbar unter den Platten. Von dort aus spreizen sich die Drucklinien, wobei die Spannungswerte und damit die Kriechverkürzungen geringer werden (Abb. 28). Bezieht man deren Berechnung auf ein Betonprisma, dessen Länge gleich der freien Bolzenlänge und dessen Querschnitt der Grundfläche der Ankerplatten entspricht (gestrichelte Linien), und nimmt man an, daß sich die Druckspannungen gleichmäßig unter den Ankerplatten verteilen sowie in allen Querschnitten des Prismas konstant bleiben, so ist der wirkliche Spannungsverlust der Spannanker mit Sicherheit geringer.

Beim Anspannen mit der Presse wird die Schraubenmutter nachgestellt. Wenn sich beim Entspannen der Presse die Kraft dem Anker mitteilt, tritt im Schraubengewinde ein Versatz ein, der bei der Ermittlung des Spannkraftverlustes zu berücksichtigen ist. Das Spannen mit dem Momentendrehschlüssel unterliegt folgender Einschränkung. Der Momentendrehschlüssel erzeugt die Spannung im Bolzen unmittelbar durch das Anziehen der Mutter. Dabei beansprucht die mit zunehmender Spannkraft sich steigernde Reibung das Schraubengewinde, die Unterfläche der Mutter sowie die Grundfläche,

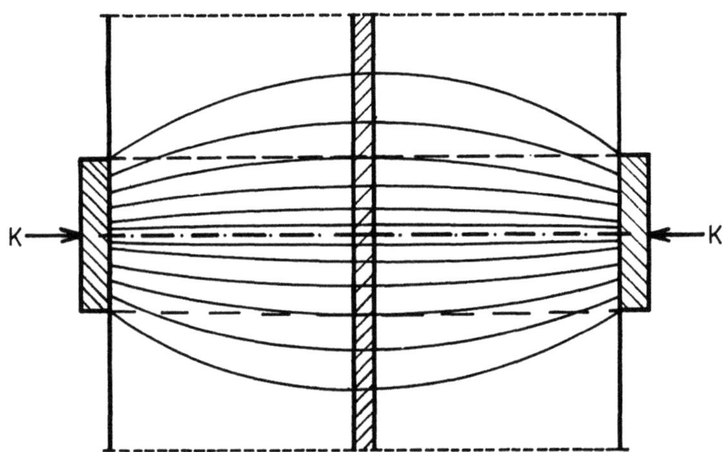

Abb. 28. Verteilung der Druckkräfte in zusammengespannten Fertigteilen

auf der sich die Mutter dreht. Diese Wirkung, die bei den HV-Verbindungen des Stahlbaus wegen der kurzen Dehnwege unbeachtlich ist, kann bei langen Bolzen, also bei großen Dehnwegen, infolge des mehrmaligen Drehens schädliche Wirkungen haben, d. h. die Gewinde und die Auflagerflächen unter den Muttern können verletzt werden. Hierdurch erhöht sich die Reibung, und das am Drehschlüssel eingestellte Moment entspricht nicht der zu erzielenden Bolzenkraft. Nach Messungen der Hochtief AG braucht diese Wirkung nicht berücksichtigt zu werden, wenn die Bolzen bis 85 cm lang sind. Versuche über größere Bolzenlängen sind in Vorbereitung.

1.4. Bewegliche Verbindungen

Zum Ausgleich der Längenänderungen und der Verdrehungen zwischen Fertigteilen, die an ihren Anschlußstellen nicht starr miteinander verbunden sind, dienten bisher vielfach stählerne Glieder, wie Rollen zwischen Stahlplatten und Kipplager. Diese wurden neuerdings verdrängt durch Lager aus elastischem Kunstgummi, vorzugsweise Neoprene. Die Polster setzen sich zusammen aus mehreren Schichten dieses Stoffes, die mit Stahlblechen einander abwechseln. Infolge des hohen Reibungsbeiwertes $\mu > 2{,}0$ zwischen Stahl und Neoprene beschränken die Bleche die Querdehnung der Polster. Damit erhöhen sie den Elastizitätsmodul, behindern jedoch nicht die Gleitung in tangentialer Richtung. Das Material kann infolge der Wirkung der Stahlbleche nicht nach außen ausweichen. Da es außerdem volumenkonstant ist, gleichen sich im Polster die Pressungen wie in einem hydrostatischen Spannungszustand aus, d. h. bei Drehung oder Ausmittigkeit der Auflagerung wird der Auflagerdruck weitgehend zentriert.

Der Elastizitätsmodul liegt je nach der Shorehärte des Neoprenes bei 5000 kp/cm². Der Gleitmodul G ist bei ruhender Belastung 12 kp/cm². Für wechselnde Belastungen ist wegen der hierbei möglichen Stoßwirkung mit $G = 20$ kp/cm² zu rechnen. Die zulässige Pressung beträgt 180 kp/cm².

Die Verformung des Polsters wird bestimmt durch die Verdrehung α des aufgelagerten Stückes und durch dessen Verlängerung Δl infolge der Einflüsse aus Temperatur, Schwinden und Kriechen (Abb. 29, S. 28). Der Gleitwinkel γ ist gegeben durch die Belastung

$$\operatorname{tg} \gamma = \frac{H - \Delta H}{\Delta l}.$$

Dieser Wert soll bei der Bestimmung der Polsterdicke $\leq 0{,}9$ gehalten werden. Bei einer Lagerfläche mit den Abmessungen l und b ergibt sich infolge des Gleitwiderstandes eine Rückstellkraft

$$R = \operatorname{tg} \gamma \cdot l \cdot b \cdot G.$$

Die Rückstellkräfte sind bei der Bemessung der anzuschließenden Teile
zu beachten. Da die Gleitwiderstände aber auch äußere Kräfte weiterleiten
können, ist bei einem Balken kein unverschiebliches Auflager erforderlich.
Will man die Rückstellkräfte abmindern, so unterlegt man die Neoprenekissen mit 2 dünnen Kunststoffplatten, deren Berührungsflächen mit einem
Gleitmittel, z. B. Teflon (Polytetrafluoräthylen), beschichtet sind. In diesen
Folien liegen die Reibungsbeiwerte bei 8%. In einer solchen Zusammensetzung hat das Neoprenekissen nur noch die Aufgabe, eine zwanglose Auf-
lagerverdrehung zu gewährleisten, es kann also niedriger bemessen werden.
Zu den Vorteilen der Neoprenelager zählt vor allem ihre geringe Bauhöhe.

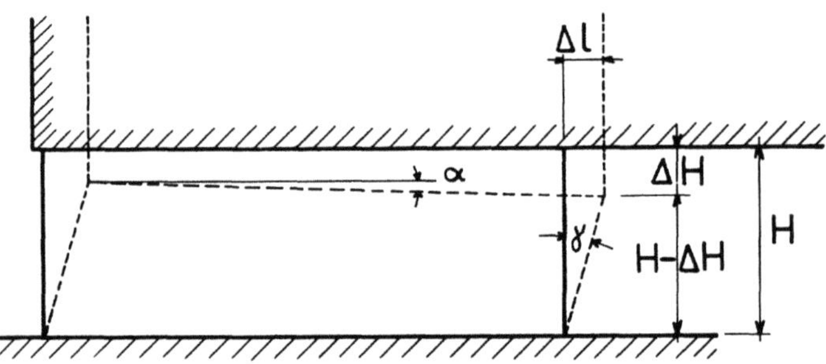

Abb. 29. Die Verformung eines Neoprenelagers unter dem Einfluß der Längsverschiebung
und der Verdrehung eines Balkenauflagers

Diese Angaben mögen als Anhalt dienen. Eingehende Unterlagen für die
Konstruktion und Berechnung der Elastomer-Lager stellen die Liefer-
werke.
Für die Herstellung und Verwendung von unbewehrten Elastomer-
Lagern hat das Institut für Bautechnik, Berlin, Richtlinien herausgegeben
(Mitteilungen 3. Jg., Nr. 6 vom 29. Dezember 1972).

2. Verfahren zur Herstellung und Montage der Fertigteile. Wahl der Systeme. Statische Fragen

2.1. Herstellung und Montage

2.1.1. Betonieren im Schichtenverfahren

Zur serienmäßigen Herstellung von Fertigteilen mit rechteckigem Querschnitt hat sich die Anwendung einer Kletterschalung bewährt, zwischen der die Stücke übereinanderliegend betoniert werden. Die längere Rechteckseite nimmt dabei die waagerechte Lage ein. Abb. 30 zeigt die Einzelheiten einer solchen Schalung. Die ‚Höhe der Tafeln entspricht der Dicke zweier Fertigteile. Zur Herstellung eines Teiles klemmen Schraubenbolzen die Tafeln mit dem jeweils unteren, bereits erhärteten Stück fest zusammen. Eine Flügelschraube ermöglicht das rasche Anspannen und Lösen der Ankerbolzen. Auf die Schalungen geklemmte Stahlwinkel verteilen den durch die

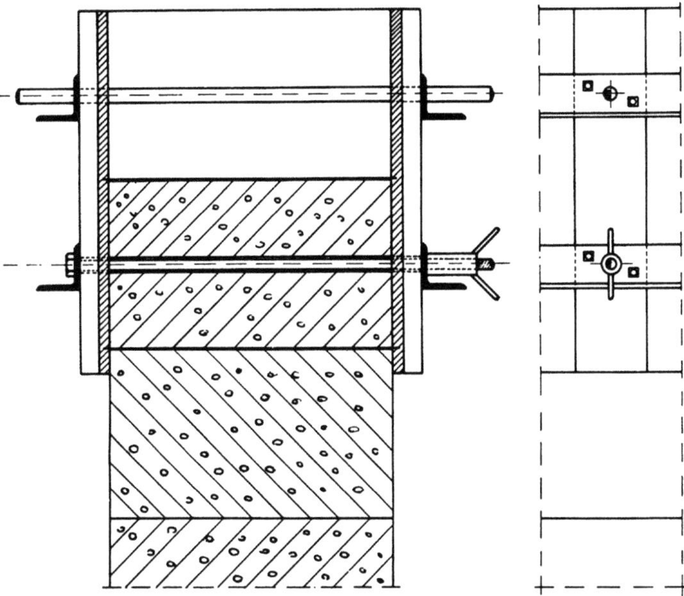

Abb. 30. Umsatzschalung, zwischen der die Fertigteile übereinandergeschichtet betoniert werden

Schrauben ausgeübten Druck in Längsrichtung, wobei die Abstände der
Bolzen etwa 1,50 m betragen. Der Ablauf der einzelnen Arbeitsgänge ist in
Abb. 31 a bis e schematisch dargestellt.

Auf dem Werkboden ist eine dem Querschnittsmaß der Fertigteile ent-
sprechende Matrize angelegt. Diese nimmt den Bewehrungskorb des ersten
Fertigteiles auf (a). Ist dieser verlegt, werden die Schaltafeln angesetzt, die
Bolzen eingeführt und die Flügelschrauben angezogen, wobei Spreizen den
Abstand der oberen Tafelränder halten (b). In dieser Form wird der Beton

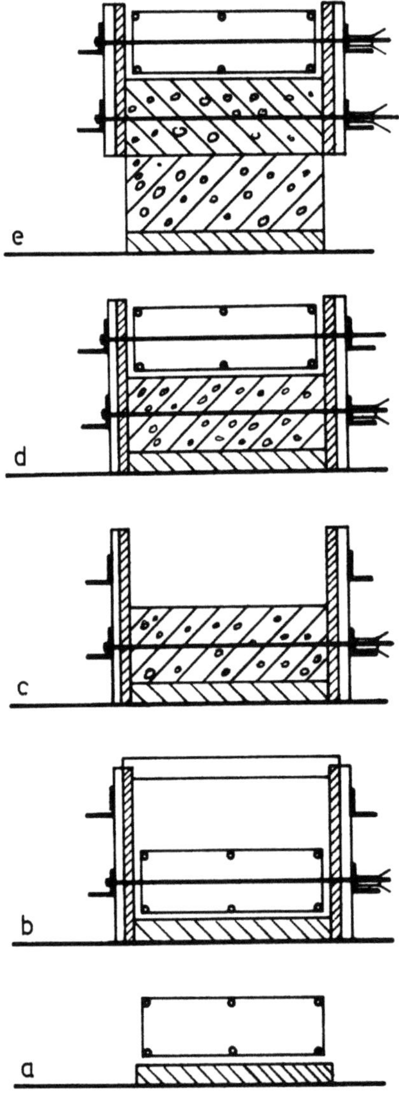

Abb. 31. Der Ablauf der Arbeitsgänge beim Betonieren im Schichtenverfahren

des untersten Fertigteils eingefüllt, gerüttelt, glatt abgezogen und nach dem Antrocknen mit Ölpapier abgedeckt (*c*). Der Vorgang wiederholt sich in (*d*) für das Einlegen des zweiten Bewehrungskorbes, das Einführen der Bolzen und das Betonieren. Die Bolzen in dem zu betonierenden Stück sind dabei lose durch die Schalung gesteckt. Sie dienen nur zum Freihalten der Kanäle. Den festen Zusammenhalt des Schalungssystems gewährleisten die gegen das untere, bereits erhärtete Stück gespannten Schraubenbolzen. Ist das obere Stück genügend erhärtet, werden die Bolzen herausgezogen und die Schaltafeln um die Dicke eines Fertigteils versetzt (*e*). Die mit Schalungsöl bestrichenen Bolzen dreht man beim Abbinden des Betons um ihre Achse. Dadurch löst sich ihre Haftung, so daß sie sich mühelos aus dem erhärteten Beton entfernen lassen.

Bei den aus vorgefertigten Teilen zu errichtenden Bauwerken ergeben sich stets Serien gleicher Stücke, so daß es möglich ist, mehrere Stapel einzurichten, an denen im Taktverfahren gleichzeitig gearbeitet werden kann. Während in dem einen Stapel der Beton die Festigkeit erhält, die zum Verlegen der Bewehrung des nächsthöheren Fertigteils und zum Umsetzen der Schalung erforderlich ist, können diese Arbeiten an benachbarten Stapeln vorgenommen werden, so daß sich die Vorgänge zügig ineinanderfügen.

Bei diesem Verfahren wird für die Fertigung der Einzelteile ein verhältnismäßig geringer Raum benötigt. Die Stücke verbleiben in ihren Stapeln bis zum Einbau. So werden weder Platz noch Arbeitsaufwand für eine Zwischenlagerung benötigt. Von den Stapeln nimmt der montierende Kran einen Teil der Stücke unmittelbar zum Einbau ab. Weiter abseits liegenden Einbaustellen liefern Loren die Fertigteile zu.

2.1.1.1. Anwendung des Verfahrens bei der Herstellung von Binderriegeln und Stützen

In einem solchen Schichtenverfahren fertigte die Hochtief AG die Binder und Stützen für eine zweischiffige und eine vierschiffige Halle der Handelsunion Heilbronn [11]. Das System der Dachbinder der vierschiffigen Halle zeigt Abb. 32, S. 32. Die Breite der Binder beträgt 30 cm. Ihre Höhe bewegt sich zwischen 1,5 m und 2,0 m. Die Binder passen sich der Form der Satteldächer an. Sie sind so gestaltet, daß die Spannbewehrung bei nahezu geradlinigem Verlauf in den Feldern unten und über den Stützen oben liegt. Zur Vorfertigung waren die Binder in Einzelteile mit Längen bis zu 12 m zerlegt. Abb. 33, S. 33, zeigt im Vordergrund die aufeinandergeschichtet hergestellten Stücke.

Diese Teile wurden auf einem verschieblichen Montagegerüst mit 3 cm dicken Fugen aneinandergereiht. Nach dem Fugenverguß zog eine Elektrowinde die Bündel der Spannbewehrung in die insgesamt 115 m langen, beim Betonieren durch Hüllrohre freigehaltenen Kanäle. In Geländehöhe stehende

 Herstellung und Montage

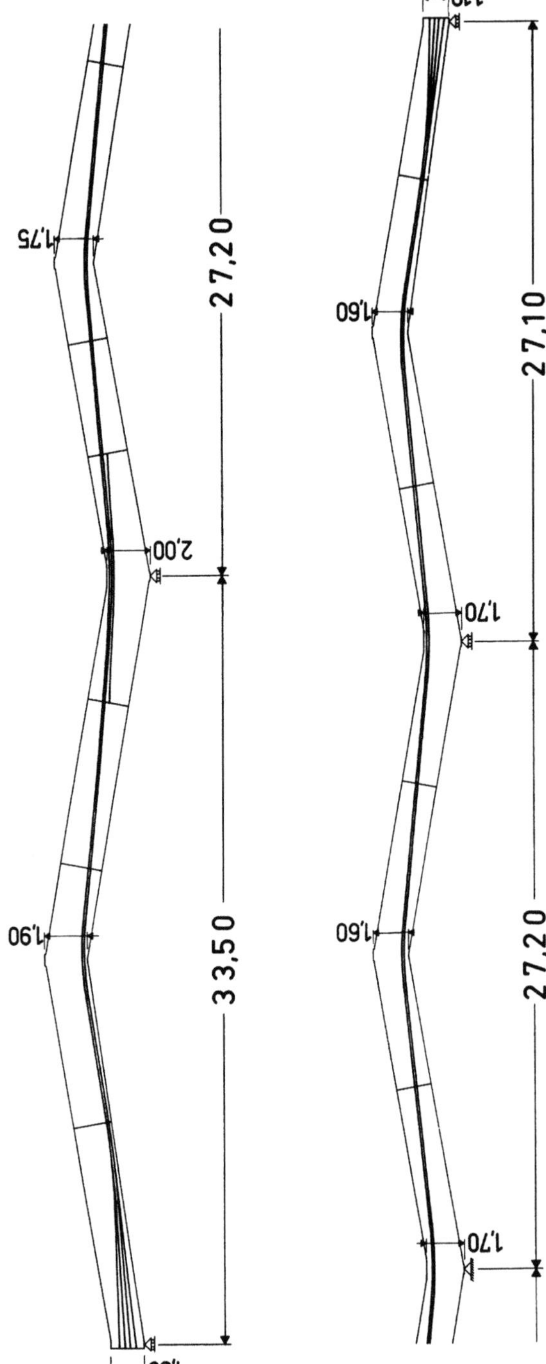

Abb. 32. System und Fugenteilung der Dachbinder einer viergeschossigen Lagerhalle in Heilbronn

Haspeln (Abb. 34) lieferten die 12 gleichzeitig eingefädelten Drähte, ⌀ 8 mm. Vor dem Eintritt der Drähte in die Kanäle ordnete sie eine Lochscheibe zu einem Bündel mit kreisringförmigem Querschnitt, so daß eine besondere Anfertigung der Spannbündel entfiel. Wegen der frühen Festigkeit des Mörtels in den dünnen Fugen (s. Abschn. 1.1.1) war es möglich, als-

Abb. 33. Die Pakete der im Schichtenverfahren hergestellten Binderstücke

Abb. 34. Das Einziehen der Spanndrähte in die 115 m langen Kanäle

bald eine so hohe Teilvorspannung aufzubringen, daß die Binder ihr Eigengewicht trugen und die Gerüste in die nächsten Felder fahren konnten.

Zur Aussteifung des Daches dienen die nach Abb. 35 ausgebildeten Rinnenträger. Die senkrechten Schenkel sind nach der in Abschnitt 1.3.2 dargelegten Art mit einer Mörtelfuge und vorgespannten, hochzugfesten Bolzen an die schlanken Binder angeschlossen.

Die Vorspannung der Binder faßt die Einzelteile zu einem kontinuierlich über 4 Felder durchlaufenden, insgesamt 117 m langen Balken zusammen. Das Tragwerk ist auf einer Mittelstütze fest, auf den anderen Stützen frei verschieblich gelagert.

Auch die in Abb. 33, S. 33, sichtbaren Stützen, deren Breite von 1,20 m durch die Lasten der schweren Kräne bedingt ist, entstanden im Schichtenverfahren.

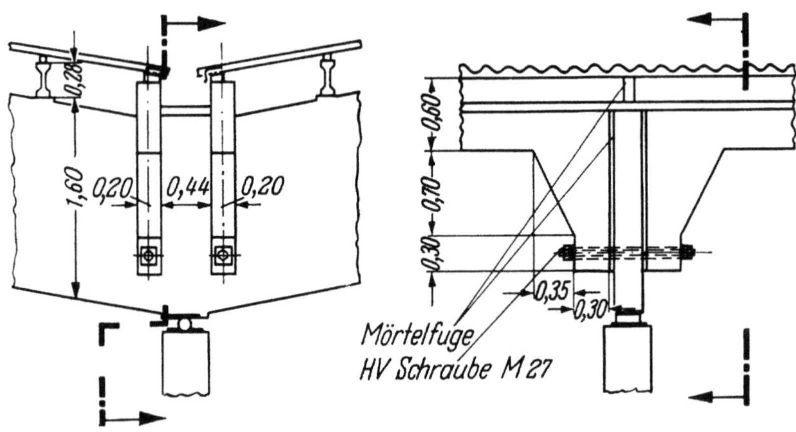

Abb. 35. Anschluß der aussteifenden Rinnenträger mit vorgespannten Bolzen

2.1.1.2. Herstellung von Bogenbindern

Eine Anwendung dieses Verfahrens zur Herstellung von Bogenbindern zeigt die Abb. 36, S. 35. Die gestapelten Stücke sind die Hälften der als Dreigelenkbögen konstruierten 12 Haupttragwerke der Halle über dem Klinkerlager der Heidelberger Zementwerke AG in Lengfurt. In der Achse sind die Bogenstücke 35 m lang, die Querschnittsmaße sind 90 cm/35 cm. Für die Herstellung und die Lagerung dieser großen Einzelteile war nur der in dem Bild erkennbare Raum verfügbar. Daher war hier das Verfahren, die Einzelteile in Stapeln übereinandergeschichtet herzustellen, in besonderer Weise dienlich.

Über die nach einem neuartigen Verfahren ausgeführte Montage der Halle wird in Abschnitt 3.4 berichtet.

Abb. 36. Stapel der im Schichtenverfahren hergestellten Hälften von Dreigelenkbögen

2.1.1.3. Herstellung von Fachwerkbindern

Auch zur Herstellung von Fachwerkträgern läßt sich das Schichtenverfahren vorteilhaft anwenden. Als Beispiel sei die Vorfertigung der in Abschnitt 1.2.2.2 beschriebenen Aschebandbrücke des Kraftwerkes der Rheinisch-Westfälischen Elektrizitätswerke AG in Weisweiler angeführt. Die

Abb. 37. Im Stapel hergestellte Fachwerkträger

3*

Fachwerkträger haben eine gesamte Länge von 2 × 1288 = 2576 m. Am Ende des Bauwerkes war die Fertigungsstätte eingerichtet. Dort stellte man zunächst einen ausreichenden Vorrat von Einzelteilen her, aus dem die Montage laufend beliefert werden konnte. Abb. 37, S. 35, zeigt 2 Stapel der im Schichtenverfahren gefertigten Fachwerkträger. Diese Teile wurden im Winter unter einem transportablen Schuppen betoniert. Ein nach dem Abbau des Schuppens aufgestellter Portalkran lud die Stücke auf das Transportfahrzeug, das sie zur Einbaustelle brachte.

2.1.2. Vorrichtung zum Anfassen der Fertigteile

Bei der Herstellung der Fertigteile im Schichtenverfahren stört das Einbetonieren von Schlaufen zum Anfassen der Stücke. Auch erfüllen im allgemeinen die einbetonierten Schlaufen nur unbefriedigend ihre Aufgabe. Häufig wechseln die Kranseile beim Abheben und Montieren ihre Richtung zu den Fertigteilen. Dadurch erhalten die Schlaufen an ihrer Eintrittsstelle in den Betonkörper hohe Zusatzbeanspruchungen. Ebenfalls erleidet der Beton an diesen oft in der späteren Druckzone liegenden Stellen hohe Pressungen, die sein Gefüge zerstören. Billiger als Schlaufen und zudem einwandfrei wirkend ist das folgende Greifwerkzeug (Abb. 38, S. 37).

An den Stellen, an denen das Stück angefaßt werden soll, halten quer durch die Schalung gesteckte und beim Abbinden des Betons durch Drehen gelockerte Rundstäbe Kanäle frei. Vor dem Abheben des Stückes wird durch diese Öffnungen ein Rundstahl hoher Zugfestigkeit geführt. Dieser Stahl hat an einem Ende einen kräftigen, aus einer Öse und einer Grundplatte bestehenden Knauf a, mit dem er fest verschraubt ist. Nach dem Einführen dieses Stahls wird über das freie Ende eine Grundplatte und ein zylindrisches, mit einer Rille versehenes Stahlstück b geschoben. Den Abschluß bildet eine Schraubenmutter, die ein Momentendrehschlüssel oder eine Spannpresse anzieht. Die hierdurch in dem Bolzen erzeugte Zugkraft verspannt das Greifwerkzeug so fest mit dem Betonstück, daß die zum Anheben aufzubringende Kraft allein durch den an der Betonfläche auftretenden Reibungswiderstand aufgenommen wird. Die Bolzen haben also die Aufgabe, beim Anheben der Fertigteile die Anpreßdrücke der Greiferbacken zu halten. Da sie dabei keinen Kontakt mit den Leibungen der Kanäle haben, bleiben sie auch bei breiten Stücken von Biegespannungen frei. Aus dem gleichen Grunde treten im Beton keine Lochleibungsdrücke auf.

Die Kranseile greifen auf der einen Seite der Betonteile mit Haken in die Knaufösen a, auf der anderen Seite umschlingen sie die Rillen der zylindrischen Stahlkörper b. Dank der allseitig stabilen Ausbildung der Ösen können die Seilzüge in beliebiger Richtung wirken. Hierbei verändert sich nur die

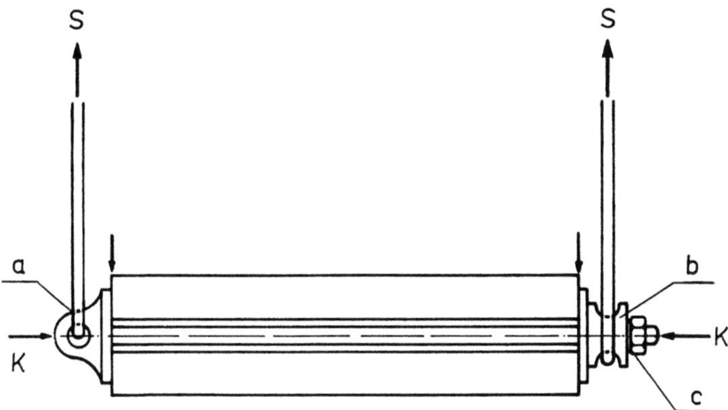

Abb. 38. Greifwerkzeug zum Heben und Drehen von Fertigteilen

Verteilung der Pressungen zwischen den Grundplatten und den Betonflächen. Das ist jedoch ohne Bedeutung wegen der hohen, zur Erzeugung der Reibungskräfte erforderlichen Vorspannung der Bolzen.

Beim Betonieren ist zu überwachen, daß die seitlichen Schaltafeln besonders im Bereich der Aufhebestellen genau parallel zueinander stehen, so daß später beim Ansatz der Greifwerkzeuge die Grundflächen der Ankerplatten senkrecht zur Bolzenachse gerichtet sind und keine ausmittigen Beanspruchungen der Gewinde auftreten.

Ist S die tangential an einer Betonfläche angreifende Kraft eines Seilzuges, so ist die im Bolzen zu erzeugende Spannkraft

$$K = \frac{S \cdot \nu}{\mu}.$$

Da es sich hierbei um einen Montagefall handelt, genügt es, mit dem Sicherheitsbeiwert $\nu = 1{,}5$ zu rechnen. Für den Reibungswiderstand an glatt eingeschalten Betonflächen kann nach eigenen Versuchen $\mu = 0{,}6$ gesetzt werden, wenn die Kontaktflächen der Stahlkörper durch eine Sandstrahlbehandlung gesäubert sind (s. Abschn. 2.3.2). Werden die Fertigteile nach dem vorhin beschriebenen Verfahren übereinandergeschichtet betoniert, verhindern die Zwischenlagen aus Ölpapier, daß die einzelnen Teile aneinanderhaften. Es empfiehlt sich jedoch, vor dem Anziehen der Kranseile die Stücke mit hydraulischen Böcken zu lüften. Die Böcke können mit Hilfe von Rundhölzern unter den gespannten Greifwerkzeugen angesetzt werden.

2.1.3. Drehen der am Kran hängenden Fertigteile

Von der Herstellung bis zum endgültigen Einbau wechseln die Fertigteile vielfach ihre Lage und Richtung. Auf der Seite liegend betonierte Stücke sind hochkant zu stellen, Stützen und Bögen sind aufzurichten. Dabei verändern sich jeweils auch die inneren Kräfte. Eine Beschränkung der Beanspruchungen auf geringstmögliche, in jeder Bewegungsphase wohldefinierte Biegespannungen läßt sich erzielen, wenn man die Stücke in der Luft frei schwebend dreht. Das Verfahren sei an Hand der Abb. 39 bis 42 erläutert.

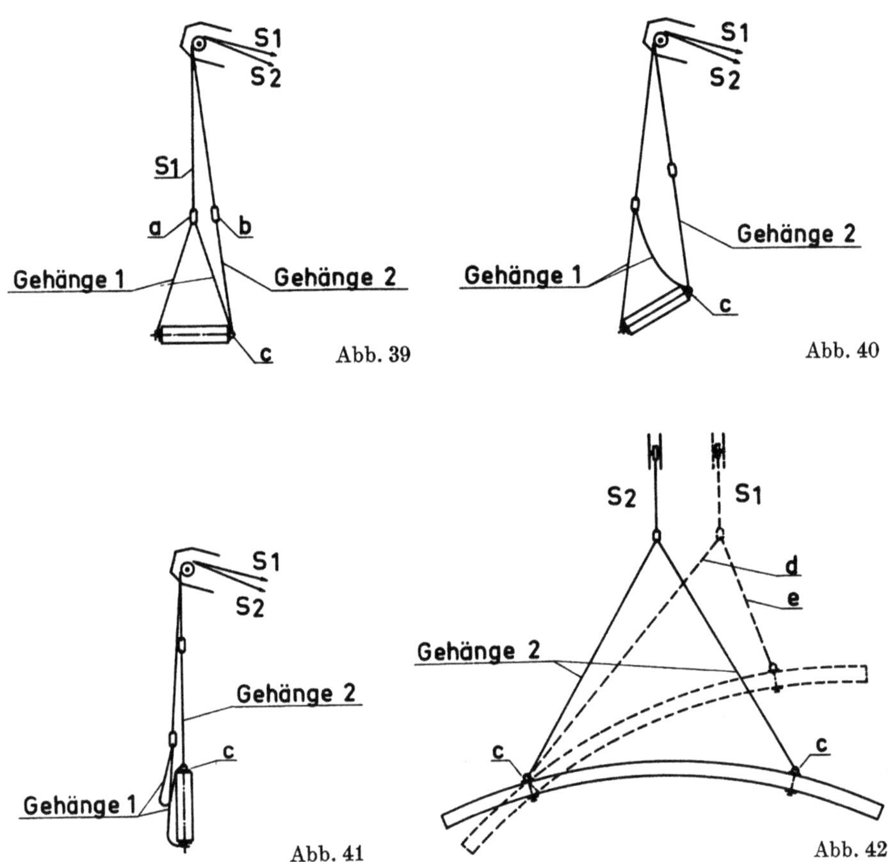

Abb. 39—42. Das Drehen frei schwebender Fertigteile. Beschränkung der Beanspruchungen auf geringstmögliche, in jeder Bewegungsphase wohldefinierte Biegespannungen

Über eine Rolle des Kranauslegers läuft der Seilzug S_1 hinab zur Flasche a des Gehänges 1 (Abb. 39). Dieses besteht aus vier (in der Zeichnung teilweise sich überdeckenden) Schrägseilen. Je zwei dieser Schrägseile führen zu den beiden Aufhebestellen, die mit den vorhin beschriebenen Greifwerkzeugen ausgestattet sind. Ein zweites Seil läuft über eine Rolle zur Flasche b. Von dort aus führt das aus zwei Schrägseilen bestehende Gehänge 2 zu den Knauföse c der Greifer.

Durch die Betätigung des Seilzuges S_1 erhebt sich das Fertigteil waagerecht schwebend bis zu einer Höhe, bei der eine Drehung in die senkrechte

Stellung möglich ist. Diese Drehung wird durch den nun an den Ösen c, also exzentrisch angreifenden Seilzug S_2 erwirkt (Abb. 40, S. 38). Dabei verlagern sich die Kräfte allmählich aus dem Gehänge 1 in das Gehänge 2, bis das Stück die senkrechte Stellung erreicht hat (Abb. 41, S. 38) und seine gesamte Last von den Bolzen der Greifer getragen wird.

Handelt es sich um Stücke eines Bogens, so werden diese außerdem schwebend mit ihrer Längsachse in die Schräglage gedreht, die sie im Bauwerk einnehmen (Abb. 42, S. 38). Während noch das Gehänge 2 das Stück trägt, wird das spannungslos gewordene Gehänge 1 entfernt und durch zwei Seile d und e ersetzt, die ebenfalls an den Knaufösen c angreifen und sich mit ihrer unterschiedlichen Länge der endgültigen Lage des Stückes anpassen. Betätigt sich nun wieder der Seilzug S_1, so richtet sich das Stück frei schwebend auf, wobei jetzt der Seilzug S_2 spannungslos wird.

2.1.3.1. Ausgeführte Beispiele

Eine Anwendung des Verfahrens zeigen die Abb. 43 bis 46 von der Montage der im Schichtenverfahren hergestellten Halbbögen für die Klinkerhalle der Heidelberger Zementwerke in Lengfurt.

Abb. 43 : Das Bogenstück ist angehoben. Seine gesamte Last wird noch von dem Gehänge 1 getragen.

Abb. 43. Anwendung des Verfahrens bei der Montage von Bogenteilen. Das Stück ist angehoben

Abb. 44. Der Drehvorgang hat begonnen

Abb. 45. Die Vertikalstellung ist erreicht

Abb. 44, S. 40 : Der Drehvorgang in fortgeschrittener Phase. Die Seile des Gehänges *1* sind bereits schlaff.

Abb. 45, S. 40 : Die Vertikalstellung ist erreicht. Während die beiden Schrägseile des Gehänges *2* das noch mit waagrechter Sehne hängende Bogenstück tragen, wird das Gehänge *1* durch zwei ungleich lange Seile *g* und *h* ersetzt, mit denen das Stück durch Betätigung des entsprechenden Seilzuges in die Einbaulage aufgerichtet wird.

Abb. 46 : Das Stück hat seine Einbaustellung erreicht.

Abb. 46. Das Stück in der Einbaustellung

In ähnlicher Weise wurden beim Bau einer Lagerhalle die im Schichtenverfahren betonierten Winkelrahmen der Dreigelenkbinder montiert. Das Verfahren sei zunächst mit der Skizze Abb. 47, S. 42, erläutert.

Zwei Greifer *a* und *b* erfaßten das Fertigteil an seinen Schmalseiten. Die Mitten der Bolzen lagen im Schnittpunkt der Schwerachse $S-S$ des Fertigteils mit den Mittellinien des Riegels und der Stütze, so daß das Stück beim Anheben waagerecht schwebte. Ein dritter Greifer *c* führte auf der parallel zur Stützenaußenkante verlaufenden Schwerlinie S_1-S_1 durch die Breitseiten des Rahmenriegels. Dieser Greifer wurde durch das beim Anheben ringsum frei gewordene Stück geführt und mit diesem verspannt.

Der Vorgang vollzog sich in drei Phasen. Zunächst wurde das waagerecht schwebende Stück um die Schwerachse $S-S$ gedreht, bis seine Ebene die lotrechte Stellung eingenommen hatte (Abb. 48 und 49). Während es in

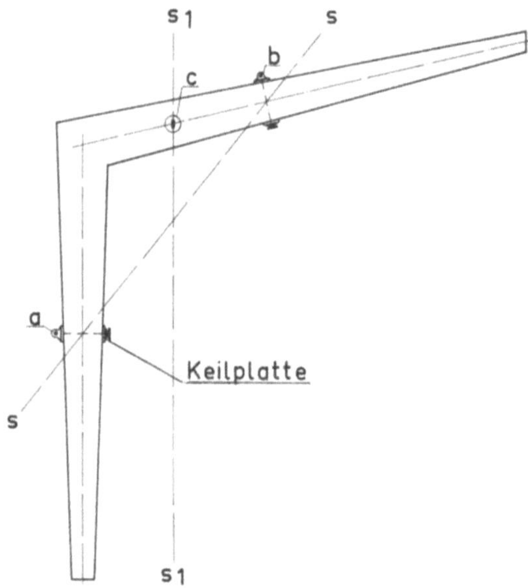

Abb. 47. Das Drehen eines winkelförmigen Rahmenteiles. Angriffsstellen der Kranseile

dieser Stellung noch an den Knaufösen der Greifer *a* und *b* hing, wurden die freigewordenen Seile an den Greifer *c* gelegt. Durch die Betätigung des entsprechenden Seilzuges drehte sich das Stück aufrecht, so daß es mit senkrechter Rahmenstütze dem Einbau gerecht wurde (Abb. 50, S. 43). Bei diesen Vorgängen lagerten sich die äußeren und die inneren Kräfte kontinuierlich und eindeutig erfaßbar bei geringstmöglichen Beanspruchungen vom Anfangszustand in den Endzustand um.

Abb. 48. Das Drehen des Rahmenwinkels ist im Gange

Abb. 49. Das Stück hat mit seiner Ebene die senkrechte Lage erreicht, die Kranseile zum Aufrichten des Stückes sind angelegt

Abb. 50. Das Stück hat die Einbaustellung erreicht

2.1.4. Montagevorrichtungen

Zu einer zügigen Fertigteilmontage gehören Vorrichtungen, die ein rasches Aufstellen und Ausrichten der Einzelteile ermöglichen. Der teure Kran soll die Stücke nur absetzen und beim Ausrichten möglichst wenig in Anspruch genommen werden, so daß er für andere Arbeiten zur Verfügung steht. Die Feinarbeit des Ausrichtens besorgen die Aufstellgeräte. Abb. 51 zeigt ein solches Gerät, hier im Einsatz bei einer Bogenmontage. Die Bögen wurden in zwei Hälften vorgefertigt und nach dem später im Abschnitt 2.1.5 beschriebenen Verfahren gelenklos zusammengefügt.

Die Grundschwelle des auf dem Rohrgerüst befestigten Montagegerätes bilden zwei nebeneinanderliegende U-Profilstähle. Auf beiden Seiten des zu montierenden Fertigteils trägt die Schwelle je einen senkrechten Pfosten und eine Schrägstrebe. Beide sind ebenfalls aus U-Profilstählen gefertigt

Abb. 51. Aufstellgerät zum Ausrichten und zur seitlichen Aussteifung der Fertigteile, hier bei der Montage einer Bogenkonstruktion

und gelenkig miteinander sowie mit der Schwelle verbunden. In den Fußgelenken der Streben sind die Dorne herausnehmbar, so daß nach ihrer Entfernung die Böcke abgeklappt werden können. Im Bereich des zu montierenden Stückes tragen die Pfosten waagerecht einstellbare Schraubenspindeln, und unter dem Fertigteil steht auf der Grundschwelle ein Spindelbock, dessen Kopfplatte auf die zu erzielende Höhenlage des Bauteiles einnivelliert ist.

Abb. 52. Das Aufstellgerät bei der Montage der Fertigteile eines Binderriegels

Vor dem Einbau des Fertigteils richtet der Monteur zunächst nur den Pfosten der einen Seite mit der Schrägstrebe auf. In diesem Pfosten stellt er die Enden der Spindelstifte fluchtgerecht ein. Hierauf setzt der Kran das Stück ab. Dabei lehnt es sich gegen die Spindelstifte des Pfostens und nimmt so die richtige Seitenlage ein. Sind auch auf der gegenüberliegenden Seite Pfosten und Schrägstrebe hochgeklappt und mit dem Dorn im Fußgelenk der Strebe festgesetzt, spannen dort die Bolzen das Stück ein, so daß die Standfestigkeit des Fertigteils gegen waagerechte Kräfte gesichert ist, bis aussteifende Nebenträger diese Aufgabe übernommen haben. Die Abb. 52

Abb. 53. Anwendung des Aufstellgerätes bei der Montage vorgefertigter Fachwerkteile

zeigt das Gerät im Einsatz bei der Montage der Binder für die Lagerhalle der Handelsunion in Heilbronn (Beschreibung s. Abschn. 2.1.1.1).

In abgewandelter Form diente das Gerät beim Aufstellen der Fachwerkbinder für die Transportbrücke des Kraftwerkes RWE Weisweiler (Abb. 53, S. 45). Dort waren die auf den Grundschwellen befestigten Strebenböcke nur einseitig angeordnet. Ihre Pfosten führten ebenfalls Schraubenspindeln, mit denen sich die Binder rasch fluchtgerecht aufstellen ließen. Die Standsicherheit gegen Horizontalkräfte sicherten jedoch in der Spitze der Böcke angeordnete U-förmige Stahlklammern, die nach dem Absetzen der Fertigteile eingeschwenkt wurden und so die Vertikalstäbe der Fachwerke umgriffen. Den an diesen Stellen bei Winddruck auftretenden Einzelkräften wurde die Bemessung der Fachwerkstäbe gerecht.

2.1.5. Verfahren zum gelenklosen Zusammenfügen vorgefertigter Bogenstücke

Da weitgespannte Bogenbinder sich nicht in einem Stück fortbewegen und einbauen lassen, ist es üblich, sie als Dreigelenkbögen zu konstruieren, so daß die Montageteile handliche Ausmaße erhalten. Die Gelenke im Scheitel und an den Kämpfern werden in Stahl ausgebildet. Zwischen zwei Druckplatten stellt eine Leiste mit abgerundetem Profil die Drehbarkeit her und verteilt die Längskraft in der Berührungslinie gleichmäßig auf die Bogenbreite. In ortsfest eingeschalten Konstruktionen halten vorläufige Ver-

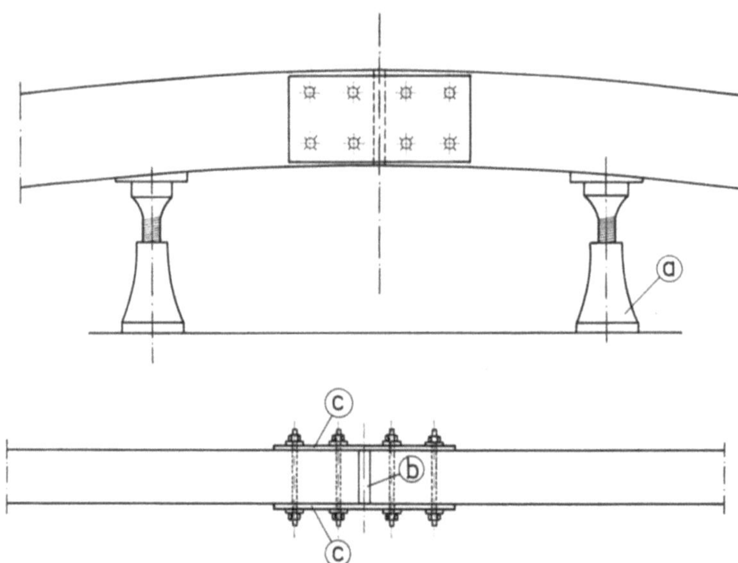

Abb. 54. Gelenkloses Zusammenfügen der beiden Hälften eines Bogenbinders. Während der Erhärtung des Fugenmörtels *b* übertragen die mit den Fertigteilen zusammengespannten Platten *c* die Bogenkräfte

schraubungen die beiden zu einem Gelenk gehörenden Stücke zusammen, so
daß sie beim Betonieren den Linienkontakt nicht verlieren. Bei vorzufertigenden Dreigelenkbögen läßt sich ein Linienkontakt mit Sicherheit nur
dann erreichen, wenn diese — nach der Art einer Ortbetonausführung —
hintereinanderliegend betoniert werden, also in der gleichen Lage, die sie
später im Bauwerk einnehmen. Bei Einzelanfertigung müssen die Gelenk-
teile so einbetoniert werden, daß die Berührungslinien genau senkrecht zur
Längsachse der Bogenstücke gerichtet sind. Das ist jedoch sehr schwierig.
Geringe Ungenauigkeiten, verursacht z. B. durch die Rüttelflasche, verhindern bereits, daß sich die Stücke beim Zusammenbau in den Gelenken auf der
ganzen Bogenbreite berühren. Diese Ausführungsfehler können beträchtli-
che ausmittige Beanspruchungen verursachen.

Das im folgenden beschriebene Verfahren verzichtet auf stählerne Gelenke
und ermöglicht einen einwandfreien, raschen Zusammenbau der Einzelteile
weitgespannter Bogenkonstruktionen.

Nach Abb. 54, S. 46, bleibt beim Zusammenschluß der von zwei Schraubenspindeln a unterstützten Bogenstücke eine etwa 3 cm dicke Anschlußfuge b
frei. Haben die Schraubenspindeln die Höhenlage der Fertigteile genau
ausgerichtet, werden auf beiden Seiten Stahlplatten c angelegt, die die Fuge
übergreifen. Hierauf spannen Bolzen aus hochzugfestem Stahl die Betonstücke mit den Stahlplatten zusammen. Diese übernehmen beim Einfahren
der Pressen die Bogenlängskräfte, vermittelt durch die Reibungswiderstände
in den Seitenwänden, und leiten sie über die noch freie Fuge. Nach dem
Absenken schließt schnellhärtender Mörtel den Fugenspalt. Verwendet man
hierzu Kunstharzmörtel, können die Stahlplatten nach kurzer Zeit entfernt
werden, so daß sie für die weiteren Montagearbeiten zur Verfügung stehen.

Da die Bolzen die Platten beider Seiten erfassen, ist die erforderliche
Summe ihrer Spannkräfte K je Bogenhälfte

$$\Sigma K = \frac{1}{2} \cdot \frac{N \cdot \nu}{\mu}.$$

Hierin ist N die beim Absenken auftretende Bogenlängskraft und ν ein
Sicherheitsbeiwert. Der Beiwert für die Reibung zwischen glattem Beton
und einer mit dem Sandstrahl aufgerauhten Stahlfläche ist $\mu = 0{,}6$. (Hierzu
s. Abschn. 2.3.2.)

2.1.5.1 Ein ausgeführtes Beispiel

Nach diesem Verfahren wurden die Bogenbinder der Flugzeughallen auf
dem Flugplatz Nordholz hergestellt.

Abb. 55, S. 48, zeigt einen Schnitt durch die Hallen. Die Haupttragwerke
sind Stahlbetonbögen mit Zugbändern aus Spannbeton. Ihre Stützweite
beträgt 53,30 m bei einem Achsabstand von 10 m, und ihre Pfeilhöhe mißt

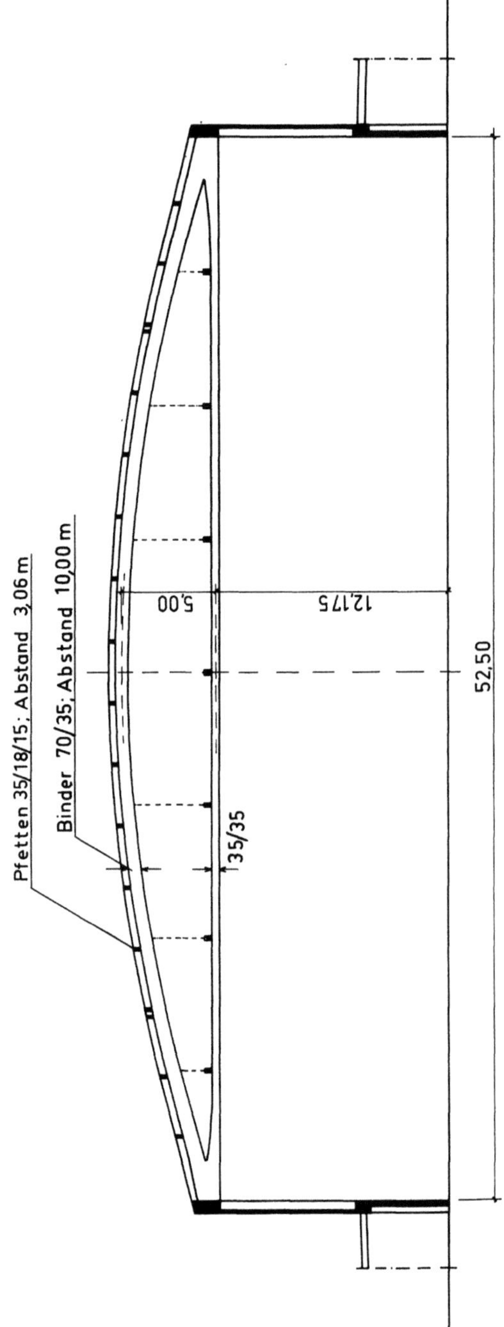

Abb. 55. Anwendung des Verfahrens beim Zusammenbau der Bogenbinder einer Flugzeug-halle. System und Abmessungen der Binder

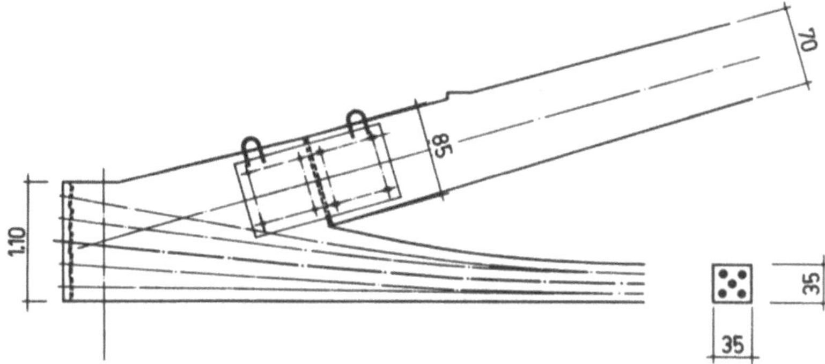

Abb. 56. Anschluß des Bogens an das vorgespannte Zugband

5,0 m zwischen Bogen- und Zugbandachse. Die mit Abständen von 3,06 m
verlegten, vorgefertigten Pfetten tragen die Dachdecke aus Stegzementdie-
len, mit denen sie in üblicher Weise durch herausragende Bewehrungsstähle
und Mörtelverguß verbunden sind. An dem Scheitel sind die Bögen gelenklos
zusammengefügt. Ebenfalls ohne Gelenke legen sich die Kämpfer gegen die
Enden der Zugbänder. Dort sind die Spannglieder — mit Rücksicht auf die
Anordnung ihrer Ankerplatten — in Betonvouten aufwärts gespreizt. Diese
Vouten dienen gleichzeitig zur Einleitung der Bogenlängskräfte in die Zugbänder (Abb. 56).

Abb. 57. Die Montage der Binder

Die Bögen wurden nach dem in Abschnitt 2.1.1 beschriebenen Verfahren in Hälften übereinandergeschichtet betoniert. Die Zugbänder waren zur Vorfertigung in vier Teilstücke zerlegt. Bögen und Zugbänder wurden auf einem Rohrgerüst zusammengefügt, das einen Binderabstand erfaßte und auf Rollen verschieblich war (Abb. 57, S. 49). Zunächst legte der Kran die vier Einzelteile des Zugbandes mit ihren Enden auf Spindeln, die die Höhenlage ausrichteten (Abb. 58). Hierauf wurden auf beiden Seiten der Fugen die der vorläufigen Druckübertragung dienenden Stahlbleche angelegt und gegen die Betonstücke gespannt. So konnte das Zugband nach dem Einfädeln der Spannglieder bereits vor dem Erhärten des Fugenmörtels vorgespannt werden und in diesem Zustand Bogenschübe aufnehmen. Hierauf wurden die Bogenteile eingebaut. Im Scheitelbereich war das fahrbare Gerüst zur Aufnahme des Montagegerätes erhöht (Abb. 57, S. 49). Das gleiche Gerät diente auch an den Kämpfern zum Ausrichten und Festsetzen der Bogen- und Zugbandteile (Abb. 59, S. 51). In Abb. 60, S. 51, ist die Verstrebung der vorderen Seite zur Verschiebung des Untergerüstes abgeklappt. Auf diesem Bild ist auch eine der beiden Stahlplatten sichtbar, die die Kämpferfuge übergreifen und mit den Betonteilen durch acht gespannte Stähle $\varnothing$ 26 mm fest verbunden sind.

Die Zugbänder wurden gemäß dem Fortschritt der Montage in Stufen vorgespannt. Bei der auf die einzelnen Spannstufen folgenden Einleitung von Bogenkräften in die Ankerplatten trat jeweils eine Entlastung des

Abb. 58. Die angespannten Übertragungsplatten an einer Stoßstelle des vorgespannten Zugbandes

Abb. 59. Das Aufstellgerät im Bereich eines Bogenkämpfers

vorgedrückten Betons ein. So war es möglich, mit dem verhältnismäßig
kleinen Querschnitt von 35 cm/35 cm dem hohen Bogenschub des Endzu-
standes ohne Überschreitung der zulässigen Betondruckspannungen gerecht
zu werden. Da die Vorspannung die großen Stahldehnungen vorwegnahm,
konnten sich die Bänder beim Auftreten der Bogenschübe nur noch nach
Maßgabe der Betonstauchungen verlängern. Das beschränkte die Scheitel-

Abb. 60. Die angespannten Übertragungsplatten am Bogenkämpfer

4*

senkungen und damit die Biegemomente in den Scheitelfugen. Diese blieben so gering, daß die Längskräfte die Biegezugkräfte in den unbewehrten Fugen bei weitem überdrückten.

Dem Zusammenbau der Bögen ging die Montage der Stützen in der Giebelwand voraus. Als auf deren Köpfen die bogenförmig den Dachlinien folgenden Riegel befestigt waren, schlossen sich an diese die Dachpfetten an, die das erste Bogentragwerk gegen waagerechte Kräfte aussteiften. Damit waren die Montageböcke an diesen Stellen ihrer Aufgabe enthoben, und das Rohrgerüst konnte in das nächste Feld fahren.

2.2. Hängewerke aus vorgespannten Fertigteilen

Die Bedeutung, die das Spannverfahren für die Verbindung vorgefertigter Stahlbetonteile hat, wurde bereits in vorhergehenden Abschnitten behandelt und mit Beispielen belegt. Vorfertigung und Vorspannung stehen sozusagen in einem polaren Verhältnis zueinander, dem Verhältnis des Trennens und Zusammenziehens. Für Zugglieder, die in Teilstücken vorgefertigt und nach der Montage zusammengespannt werden, hat dieses Verfahren noch einen besonderen Vorteil. Die Vorspannung nimmt die Stahldehnung, die der aufzunehmenden Zugkraft entspricht, vorweg. Dabei wird der Betonkörper um einen nur geringen Bruchteil der Stahldehnung gestaucht. Greift nach der Verankerung der Spannstähle eine äußere Zugkraft an dem vorgespannten Körper an, so kann sich dieser nur nach Maßgabe der Betonstauchung verlängern. In Zahlen ausgedrückt ergeben sich folgende Verhältnisse: Wählt man für die Spannbewehrung ein Material mit der Bruchfestigkeit von 160 kp/mm^2 und nutzt die zulässige Spannung von $0,55 \cdot 160 = 88 \text{ kp/mm}^2$ aus, so ist bei einem E-Modul von $2,1 \cdot 10^6 \text{ kp/cm}^2$ die Stahldehnung $\varepsilon_e = \dfrac{88}{2,1 \cdot 10^6} = 4,2^0/_{00}$. Andererseits ist für einen Beton der Güte B 600 nach DIN 4227 in der vorgedrückten Zugzone die zulässige Druckspannung $\sigma_b = 170 \text{ kp/cm}^2$. Der E-Modul dieses Betons ist $4,0 \cdot 10^5 \text{ kp/cm}^2$. Die der Stahlspannung von 88 kp/mm^2 entsprechende Vorspannkraft erzeugt also in dem mit 170 kp/cm^2 vorgedrückten Beton eine Stauchung $\varepsilon_b = \dfrac{170}{4,0 \cdot 10^5} = 0,425^0/_{00}$. Die Verkürzung des Betons beträgt also nur $^1/_{10}$ der Verlängerung des Stahls. So vereinigt sich bei den vorgespannten, auf Zug beanspruchten Betongliedern die hohe Zugfestigkeit des Stahls mit der geringen Dehnung des Betons. Die Vorteile, die sich hierdurch für Bogentragwerke mit vorgespannten Zugbändern ergeben, zeigte bereits das Beispiel der im Abschnitt 2.1.5.1 beschriebenen Flugzeughallen.

2.2.1. Hängehäuser

Angewandt werden die in Teilstücken hergestellten und im Bauwerk zusammengespannten Zugstäbe bei der Konstruktion von Hängehäusern. Der wachsende Bedarf an Geschäfts- und Büroräumen und der Mangel an Baufläche führen in den Städten dazu, diese Räume mit möglichst geringen Grundrißabmessungen in Turmhäusern übereinander zu lagern. Um im Bereich der hierdurch bereits beschränkten Grundflächen dem Verkehr noch mehr Raum zu geben, hält man das Erdgeschoß dieser Bauten bis auf die Wände der Treppenhäuser und Aufzugsschächte vom Ausbau frei. Zu diesem Zweck fangen Hängeglieder die in den Außenfronten liegenden Deckenlager auf und leiten deren Lasten sowie die Lasten der Außenwände aufwärts in frei auskragende Tragwerke, die sich auf die Schachtwände abstützen. Außer den Auflagerkräften dieser Tragwerke übernehmen die Wände im Verlauf ihrer Höhe die inneren Lagerdrücke der Decken. So sind sie die einzige Stützung, die in Geländehöhe auf engem Raum das Bauwerk trägt. Diese bereits in vielen Fällen angewandte Bauweise verspricht eine erfolgreiche Zukunft.

Zum Aufhängen der Decken erweisen vorgespannte Stahlbetonglieder ihre Vorzüge. Die hohen Zugfestigkeiten der Spannstähle beschränken die Stahlquerschnitte, die zur Aufnahme der Lasten erforderlich sind. Trotzdem sind die Durchsenkungen der aufgehängten Decken gering, da die Vorspannung die großen Verlängerungen der Stähle vorwegnimmt.

Die Stahlbetonglieder werden geschoßweise vorgefertigt. Dabei halten Hüllrohre die Kanäle frei, in die nach dem Einbau die Spannglieder gefädelt werden. Der von unten nach oben zunehmenden Summe der angehängten Lasten wird eine Staffelung der Vorspannung und der Betonquerschnitte gerecht. Werden die Geschoßdecken biegefest an die Hänger angeschlossen, treten in diesen infolge der Rahmenwirkung unzulässig hohe Spannungen auf. Das trifft um so mehr zu, wenn die gestaffelte Vorspannung nicht konzentrisch angeordnet werden kann. Wie diese Wirkung zu vermeiden ist, sei an dem folgenden Beispiel gezeigt [12].

2.2.1.1. Beispiel eines ausgeführten Hängehauses

Nach dem Entwurf der Architekten waren die Hängewerke des Rathauses Marl in Westfalen mit gestaffelten Rechteckquerschnitten den Wandfronten vorzulagern (Abb. 61a und b). Die Köpfe der Deckenbalken treten vor die Außenwände und umschließen mit einer Verbreiterung die Hängesäulen, von deren Außenflächen sie ein schmaler Spalt trennt (Abb. 62, S. 56). Mit diesen Verbreiterungen lagern sie auf den Kapitälen der jeweils unteren Geschosse. Dabei sichern Neoprenekissen die freie Drehbarkeit.

Alle Hängeglieder bestehen aus einheitlich mit dem Querschnitt 18 cm/ 18 cm für eine Geschoßhöhe vorgefertigten Elementen. Über die serienmäßi-

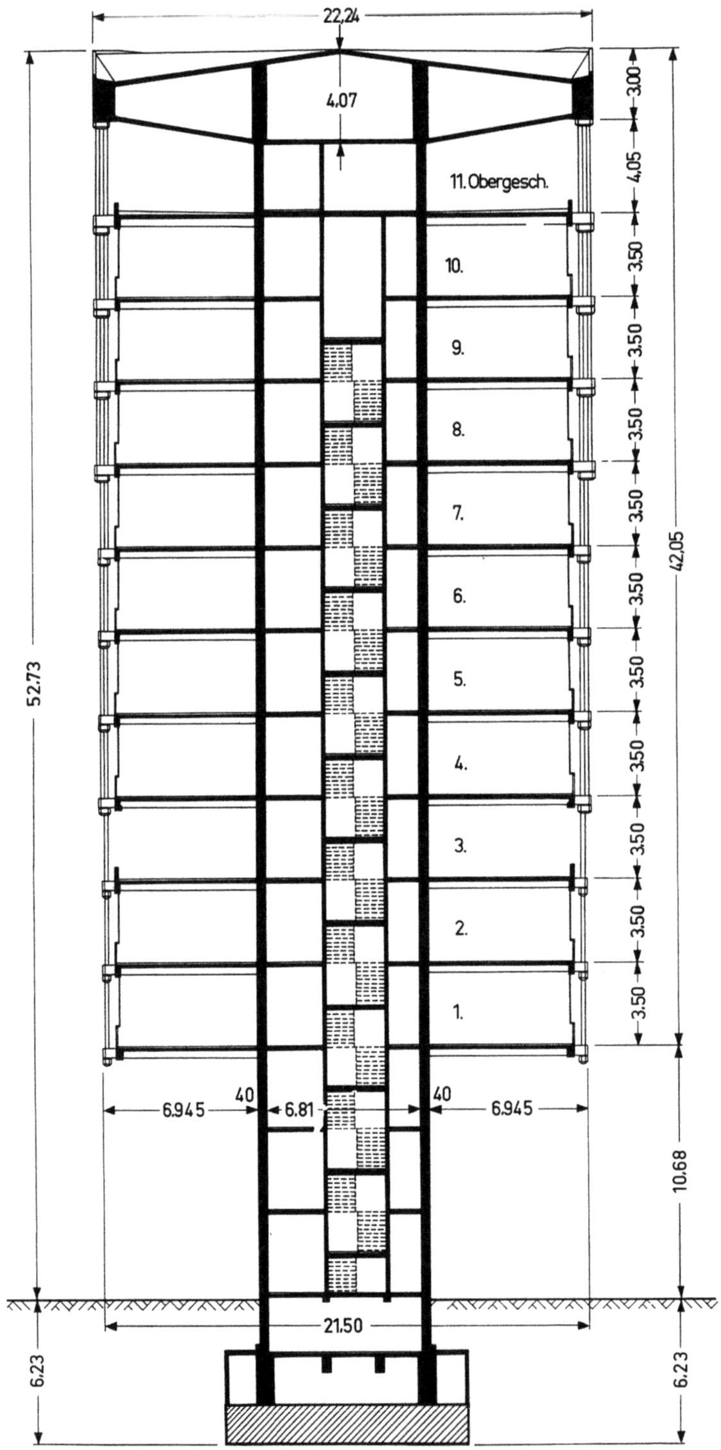

Abb. 61 a. Vertikalschnitt durch das 11geschossige Hängehaus des Rathauses Marl

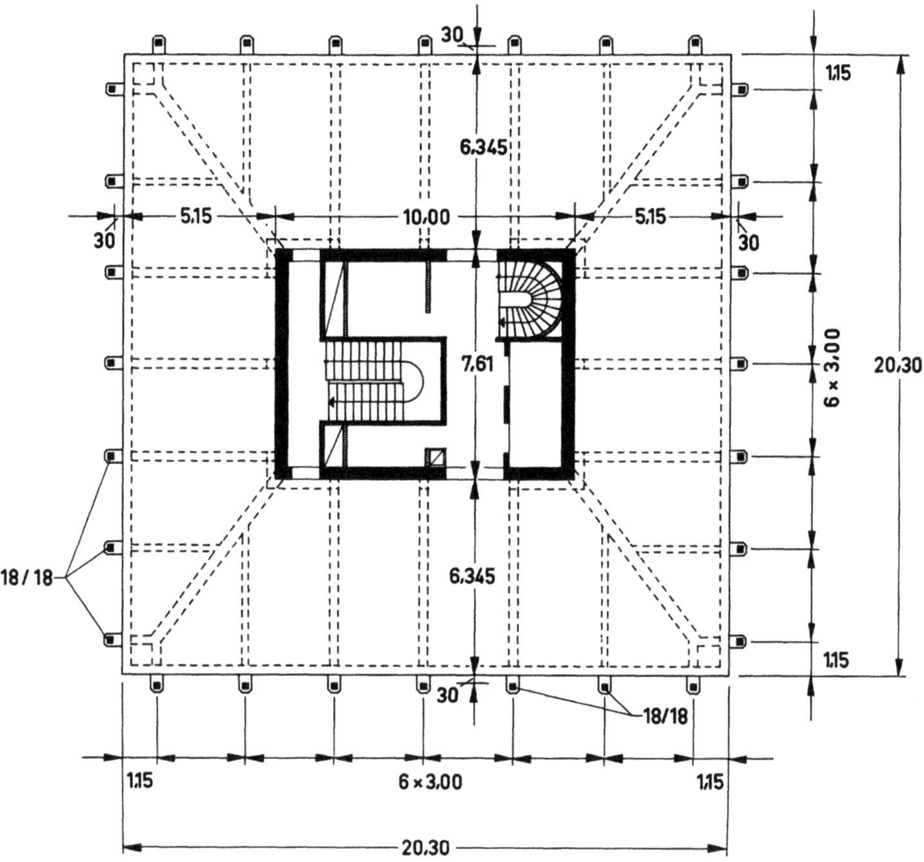

Abb. 61 b. Querschnitt durch das Hängehaus

ge Herstellung und das Zusammenfügen der getrennt gefertigten Kapitäle und Stützen berichtete Abschnitt 1.1.2.1. Jedes Element erhielt einen zentrischen Spannkanal. Im Bauwerk zu zweien und dreien dicht, aber lose hintereinandergefügt, bilden die Elemente die in den einzelnen Höhen abgestuften Gesamtquerschnitte der Hängewerke.

Die inneren Stränge tragen die drei untersten Geschoßdecken. Sie sind mit 33 Mp vorgespannt. Nach der Aufnahme der Lasten aus diesen Decken ist die Vorspannung bis auf einen Betrag von 14 kp/cm² aufgezehrt (Abb. 63, S. 56). Von dort aus laufen die inneren Stränge ohne weitere Belastung aufwärts bis zum Dach und durchfahren dabei frei die Kapitäle der höher liegenden Geschoßstützen (s. Abb. 62, S. 56). Die Druckvorspannung vermindert sich also bis zum Dach nur noch um den Einfluß des Eigengewichtes dieser Stützen. Unmittelbar unter dem Randbalken der Dachkonstruktion verbleibt nach dem Schwinden und Kriechen im Beton noch eine Druckspannungsreserve von 7,7 kp/cm². Die mittleren Stränge tragen die Auflager des

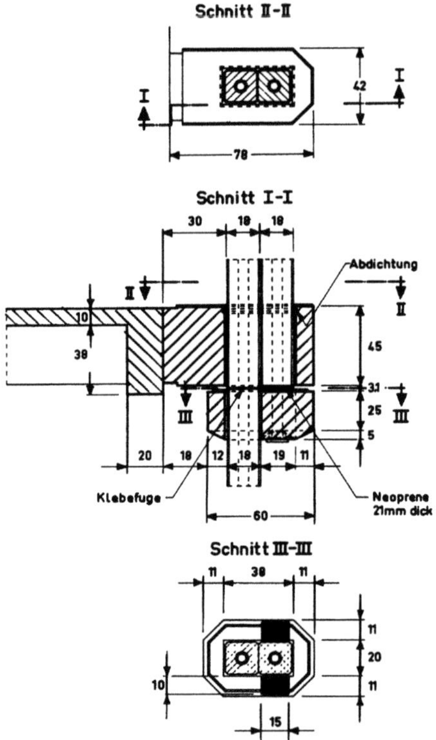

Abb. 62. Einzelheit eines Knotenpunktes am Übergang von einem zu zwei Hängerelementen

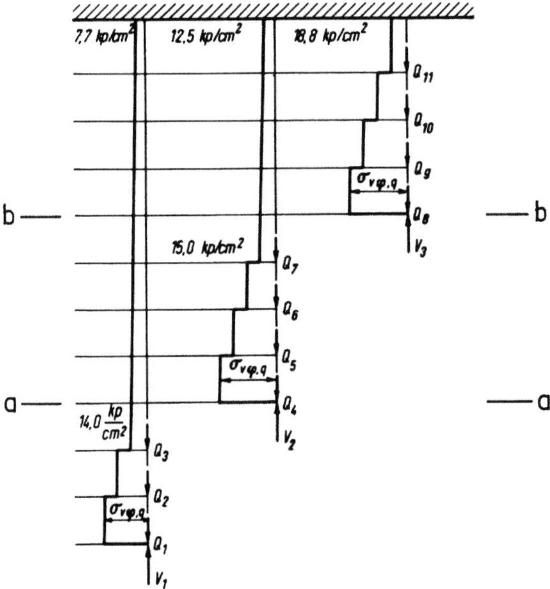

Abb. 63. Die Normalspannungen in den einzelnen Elementen einer Hängesäule

4. bis 7. Geschosses und laufen von dort frei durch die höher gelegenen Kapitäle. Sie sind mit einer Kraft von 42 Mp vorgespannt und besitzen unter den Randbalken des Daches eine Druckspannungsreserve von 12,5 kp/cm². Die äußeren Stränge sind den vier obersten Decken zugeordnet. Sie sind mit 50 Mp vorgespannt und weisen am Dach die größte Druckvorspannungsreserve auf, da die Vorspannkraft sich nicht um den Eigengewichtsanteil freier Längen vermindert.

Die Vorspannung ist in den einzelnen Strängen zentrisch, da diese auf ihre ganze Höhe voneinander getrennt sind. Wenn die bei der Staffelung erweiterten Betonteile aus einem Stück beständen, würden an den Übergängen die Vorspannkräfte durch den ausmittigen Angriff ihrer Resultierenden hohe Biegemomente erzeugen, wie ein Vergleich der Längskräfte im Schnitt a—a der Abb. 63, S. 56, zeigt. Dort ist die Kraft des einen Spanngliedes bereits bis auf einen geringen Teil abgebaut, während im anderen Spannglied noch nahezu die ganze Kraft wirkt. Das gleiche gilt für den Schnitt b—b.

Die Spannglieder der einzelnen Stränge sind an den Staffelungen unter den Kapitälen verankert. Beim Zusammenbau wurden die vorgefertigten Betonelemente an den Stoßstellen durch eine dünne Polyesterfuge miteinander verbunden. Ein von oben auswechselbares, geschoßhohes Rohr, das um

Abb. 64. Die fertigen Hängehäuser des Rathausneubaues in Marl

einige Zentimeter aus der Fußfläche der Elemente ragte, sicherte den genauen Einbau der Teile und verhinderte, daß der Fugenmörtel in die Spannkanäle drang. Die Polyesterfugen schlossen die Einzelteile zur Weiterleitung der Vorspannkraft zu einheitlichen Strängen zusammen.

Die Abb. 64, S. 57, zeigt zwei der in dieser Bauweise ausgeführten Hängehäuser des Rathausneubaues in Marl. Das dritte, in Abb. 61 a, S. 54, dargestellte, wird den wachsenden Bedürfnissen der Stadt entsprechend noch errichtet.

2.2.2. Hängedächer

Zugbänder sind auch die tragenden Elemente der Hängedächer. Ihre Herstellung aus vorgefertigten und zusammengespannten Einzelteilen war beim Bau mehrerer großräumiger Hallen erfolgreich.

Das Hängedach der großen Trainings- und Ausstellungshalle der Westfalenhalle AG in Dortmund [13] überspannt eine freie Grundfläche von $80 \cdot 110 \text{ m}^2$ (Abb. 65). In der Tragrichtung hat das 80 m weite Dach einen Durchhang von 5 m. Senkrecht dazu ist die Dachfläche zur Entwässerung mit einem Stichmaß von 2 m aufwärts gekrümmt. Alle Schnitte laufen in der einen wie in der anderen Richtung parallel zueinander. Das Tragwerk bilden vorgefertigte, vorgespannte Stahlbetonrippen der Güte B 600, 12 cm

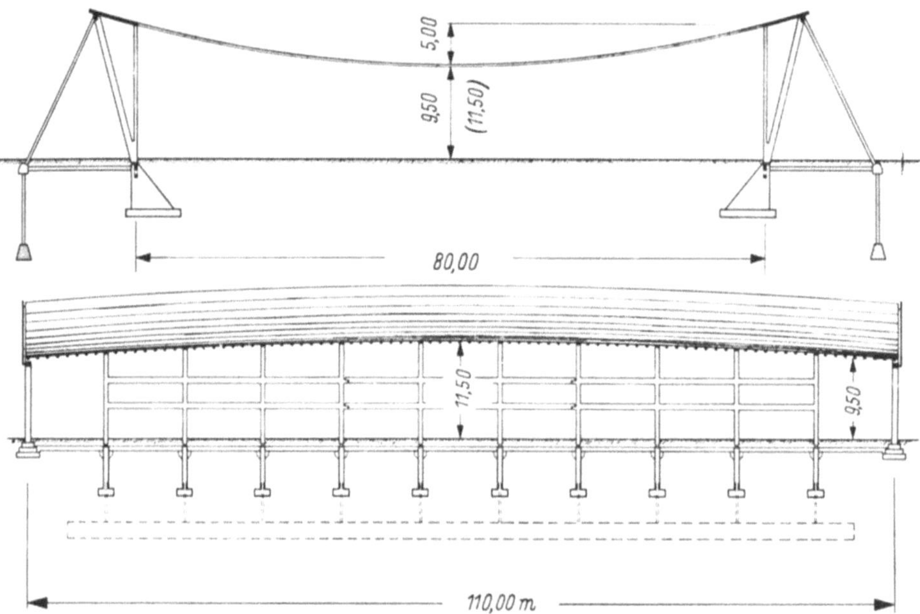

Abb. 65. Querschnitt und Längsschnitt durch die Trainings- und Ausstellungshalle der Westfalenhalle AG in Dortmund

hoch und 22 cm breit. Die Einzelteile stellte ein Werk in Längen von 2 m mit einem zentrischen Spannkanal her. In Abständen von 1,25 m angeordnet, tragen die Rippen 5 cm dicke Bimsbetonplatten, mit denen sie Stahlschlaufen in Mörtelverguß verbinden. Die Seitenflächen der 50 cm breiten Bimsplatten sind abgeschrägt. In den hierdurch entstandenen Fugen liegen je 2 Neptunstähle N 20, die zusammen mit dem sie umgebenden Fugenmörtel die Dachkonstruktion senkrecht zur Tragrichtung aussteifen (Abb. 66 a,b).

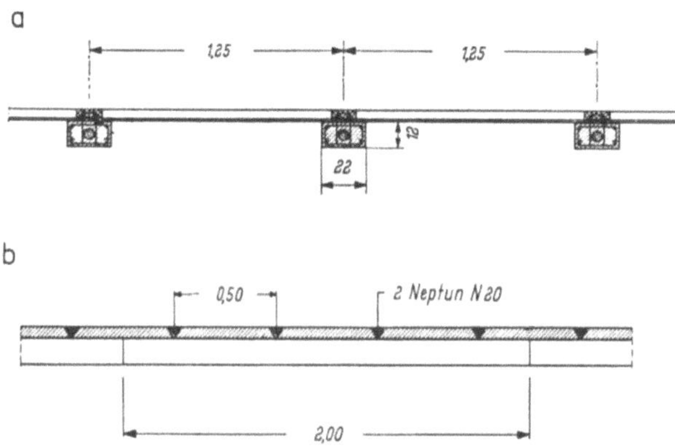

Abb. 66. Querschnitt a und Längsschnitt b durch die Dachkonstruktion

Die Hängeglieder verlaufen nach der Seillinie. Ihren Abstand von 1,25 m bestimmte die Maßgabe, daß sie mit einem 50-Mp-Spannglied des Verfahrens Hochtief die anfallenden Lasten aufzunehmen haben. Die Spannglieder sind in 5,50 m breiten, vorgespannten Randscheiben verankert, die in der Schmiegungsebene der Seillinie liegen und ihre Kräfte in die mit Abständen von 11 m angeordneten Stützböcke leiten. Alle Stäbe dieser Gerüste sind zentrisch beansprucht. Unter der Erdgleiche lenken Druckriegel die Kräfte der vorgespannten Zugstreben in die lotrechte Richtung ab (Abb. 65, S. 58). Diese Kräfte nimmt ein auf die ganze Länge des Bauwerkes durchlaufender Barren auf, der in einem bergmännisch vorgetriebenen Stollen aus Stahlbeton hergestellt wurde und mit der Last des überlagernden Mergels eine dreifache Sicherheit der Verankerung gewährleistet.

Bei den statischen Untersuchungen wurde die Dachkonstruktion als echtes Hängewerk betrachtet, obwohl die doppelte Krümmung der Fläche räumlich aussteifend wirkt. Die ungünstigsten Beanspruchungen der Rippen treten bei diagonal gerichteter Windströmung auf. Ein Windkanalversuch ergab die in Abb. 67, S. 60, isometrisch dargestellte Verteilung der Sog- und Druckkräfte. Das Eigengewicht des Daches überwiegt zwar mit 130 kp/m² die Spitze der Sogkräfte um das 1,5 fache, jedoch erzeugt der unstetige Verlauf der Windlastlinien Biegemomente in den Rippen, die sich nach deren

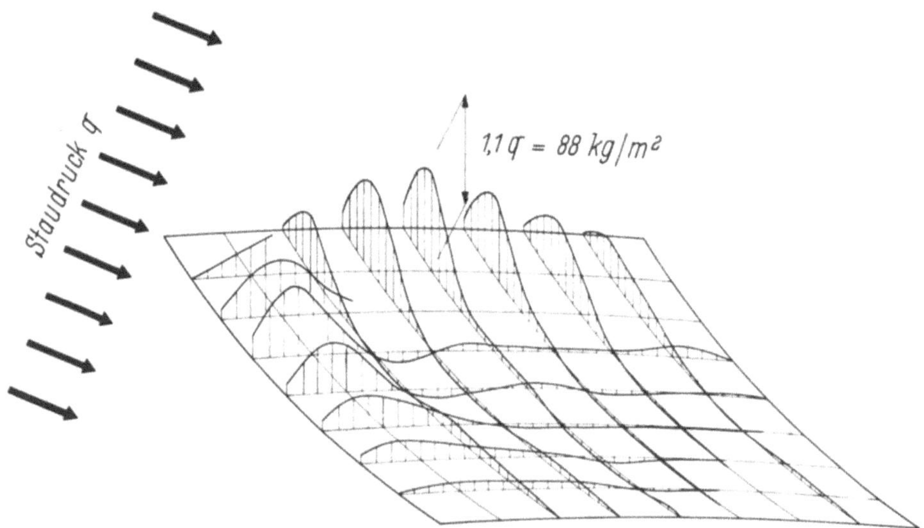

Abb. 67. Verteilung der Winddrücke nach einer Untersuchung im Windkanal

Steifigkeit richten. Deshalb wurde der rechteckige Querschnitt der Rippen flach gestellt. Damit war zudem die Möglichkeit einer guten Verbindung der Dachplatten und der Rippen in einem breiten Mörtelbett gegeben.

Da sich die Seillinien der Hänger mit den einzelnen Lastfällen verändern, verdrehen sich ihre Endtangenten gegen die feststehenden Randscheiben. Ein weicher Anschluß verhindert, daß dabei die Spannbündel jäh abgeknickt werden (Abb. 68a, b). Zwischen den Enden der Rippen und den Rand-

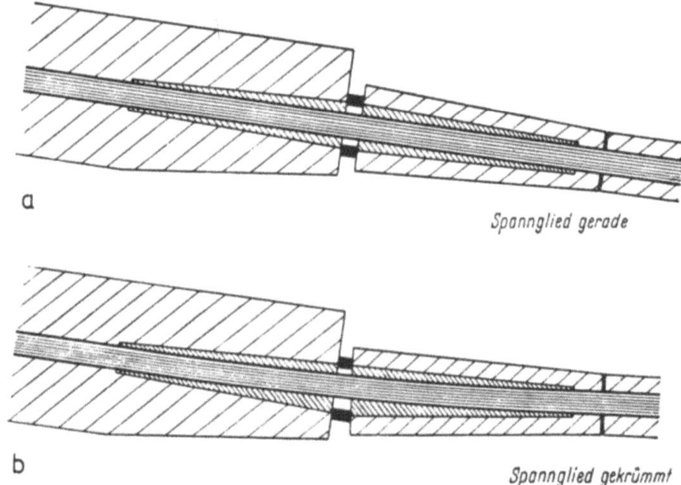

Abb. 68 a, b. Schematische Darstellung des biegsamen Anschlusses der Hängeglieder an die starren Randscheiben

scheiben sind durchlaufende, vorgefertigte Stahlbetonstücke trapezförmigen Querschnittes eingeschaltet, in denen kegelförmige, plastisch verformbare Körper die Spannkanäle umhüllen. Die gleichen Hüllen umgeben in umgekehrter Richtung die Spannglieder in den Randscheiben. Die Zwischenstücke sind mit Bleigelenkstreifen an die Randscheiben angeschlossen. Bei den Verformungen der Seillinie schmiegen sich die Spannglieder so in die kegelförmigen Körper, daß die Spannungen in den Drähten die zulässigen Grenzen nicht überschreiten.

Die Einzelteile des Daches wurden auf einem 5 m breiten, verschieblichen Rohrgerüst zusammengebaut. In den einzelnen Arbeitsstellungen paßte sich die Führung des Gerüstes der aufwärts gekrümmten Dachfläche an. Auf dem Gerüst ließen sich 4 Rippenstränge gleichzeitig verlegen (Abb. 69). Zu ihrer genauen Ausrichtung trugen die Bohlen kurze Leitwinkel, über die sich die Rippen beim Anziehen der Spannbewehrung erhoben, so daß sich das Gerüst ohne Absenkung frei verschieben ließ. Als Fugenmate-

Abb. 69. Das Verlegen der vorzuspannenden Rippenstränge

rial trugen die Stirnflächen der Rippenstücke 2 mm dicke Asbestplatten. Bei der Wahl dieses Materials war im Laboratorium untersucht worden, wie es sich beim Zusammendrücken durch die Vorspannung verhielt.

Während die Dachplatten verlegt wurden, fädelten die Monteure die Spannbündel in die Kanäle der Rippen. Dabei erfaßte das Zugseil die 12 Drähte eines Bündels mit einer Stahlglocke, gegen deren Innenfläche ein kegelförmiges Kernstück die Drahtenden klemmte (a in Abb. 70, S. 62). Eine Stahlscheibe mit 12 auf einen Kreis liegenden Löchern ordnete die Drähte vor dem Eintritt in den Spannkanal (b in Abb. 70, S. 62). Die 4 Bündel der

Abb. 70. Die Spannbewehrung wird eingezogen. Die Stahlglocke *a* erfaßt die 12 Drähte eines Bündels. Die Scheibe *b* ordnet mit 12 auf einem Kreis angeordneten Löchern die von den Haspeln ankommenden Drähte

einzelnen 5 m breiten Arbeitsstreifen wurden auf beiden Gebäudeseiten gleichzeitig von synchron arbeitenden Aggregaten gespannt (Abb. 71). Dabei erhoben sich die Streifen gleichmäßig, und zwar in der Feldmitte um 35,5 cm. Dieses Maß, das bei jedem Arbeitsgang überwacht wurde, stimmte mit dem vorher errechneten überein. Wegen der verschiedenen Höhenlage eines bereits gespannten und des anschließenden, noch zu spannenden Streifens blieb zunächst der Raum zwischen den beiden benachbarten Rippen von Platten frei, bis beide Streifen bündig lagen. Mit Rücksicht auf die

Abb. 71. Vier synchron arbeitende Pressen spannen die Stränge eines Arbeitsstreifens vor

Abb. 72. Ersatzlasten vertreten die fehlenden Gewichte der Platten zwischen zwei vorgespannten Streifen

in allen Rippen gleiche Vorspannung ersetzten vorläufig auf die freien Oberflächen der Rippen gelegte und mit diesen verrödelte Fertigteile die fehlenden Lasten der Platten bis zu deren Einbau (Abb. 72). Die Fertigstellung eines Streifens von 5 m Breite und 80 m Länge, also einer Fläche von
400 m², angefangen vom Verschieben des Gerüstes bis zum Abschluß der
Spannarbeiten, benötigte nur 2½ Tage. Konstruktion und Ausführung:
Hochtief AG.

In der gleichen Art führte die Firma Stahlton AG, Basel, in Biel/Bienne

Abb. 73. Das Hängedach der Konzerthalle in Biel/Bienne (Schweiz)

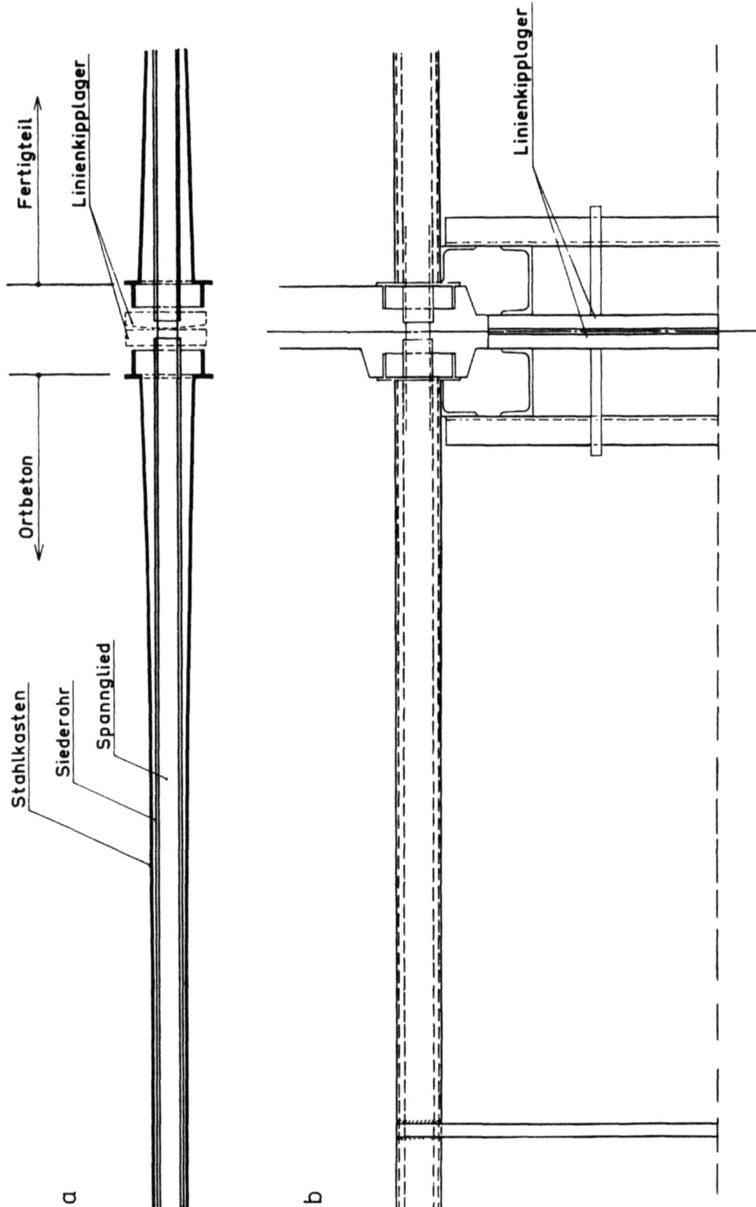

Abb. 74 a, b. Der flexible Anschluß der Hängeglieder an die starren Randträger. a Schnitt, b Draufsicht

(Schweiz) das Hängedach einer Halle aus. Das Dach überspannt eine Grundfläche von 35 · 70 m². Es ist nach einer unsymmetrischen Seillinie geformt, in deren Richtung es seine Lasten abträgt (Abb. 73, S. 63). Die Abmessungen der Dachelemente sind die gleichen, wie bei der vorher beschriebenen Dortmunder Halle. Auch haben sich hier als Fugenmaterial die gleichen Asbestplatten bewährt. Den flexiblen Anschluß der Hängeglieder an die starren Randträger zeigt Abb. 74, S. 64.

Im Bereich des Anschlusses der Hängeglieder an die starren Dachscheiben sind die Spannkabel von flexiblen Siederohren umgeben. Stahlkästen rechteckigen Querschnittes halten an diesen Stellen in den Fertigteilen und in den Ortbetonscheiben Räume frei, die sich trapezförmig zu den Fugen hin erweitern. In diesen Räumen können sich die Kabel zwanglos krümmen. Zwischen den Hängegliedern übertragen Wälzlager die Spanndrücke und ermöglichen die Drehbarkeit der Endtangenten des Daches. Zum genauen Einbau waren alle Teile durch Profilstähle miteinander verbunden.

Die Randträger, gegen die die Hängeglieder gespannt sind, leiten ihre Lasten 35 m weit frei tragend in die Ecken des Bauwerkes. Dort legen sie sich gegen Stützböcke, mit denen sie durch ihre biegefeste Verbindung räumliche Rahmentragwerke bilden. Die Aufgaben, die die Statik dieser Tragwerke stellte, erläuterte J. KAMMENHUBER auf dem Internationalen Spannbetonkongreß 1966 mit Abb. 75 [14], durch folgende Hinweise:

der Schwerpunkt S und das Drillzentrum C liegen 1,20 m weit auseinander,

wegen der Auflagervouten ist weder die Schwerachse noch die Drillachse eine gerade Linie,

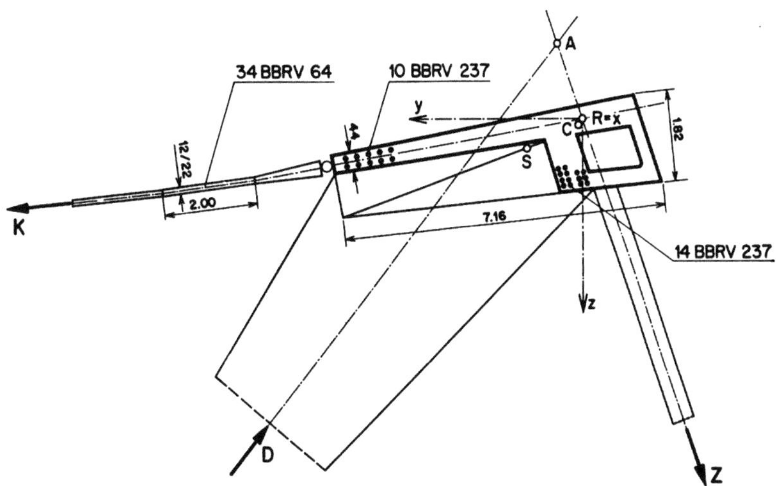

Abb. 75. Querschnitt durch die 35 m weit freitragenden Fangeträger des Hängedaches in Biel

im Auflagerknoten treffen die Schwerachse und die Drillachse des Fangeträgers nicht die Achse der Druckstütze,

der Schnittpunkt von Zug- und Druckstrebe (Punkt A) liegt 1,40 m oberhalb der Konstruktion,

die Seilkraft K liegt nur in Feldmitte in der Nähe des Drillzentrums C.

Wegen dieser funktionell und architektonisch bedingten Verhältnisse ließ sich die Statik der Tragwerke nicht mit den Methoden der üblichen Rahmentheorie erfassen. KAMMENHUBER hat dazu ein Kraftgrößenverfahren für beliebig geformte, exzentrische Rahmen entwickelt, das Gegenstand seiner Dissertation ist [15], und dessen Grundzüge er in [14] dargelegt hat.

Die Elemente des Hängedaches baute die Firma streifenweise auf einem verschieblichen Gerüst zusammen. Die Streifen erfaßten teils 4, teils 6 Rippenstränge. Jede Rippe hat ein Kabel BBRV 64. Die Geräte der Stahlton AG spannten simultan die Kabel der einzelnen Arbeitsbereiche vor. Dabei erhoben sich alle Streifen um das gleiche, vorausbestimmte Maß, so daß eine einheitliche Dachfläche entstand. Abb. 76 zeigt zwei Bauetappen nach dem Verschieben des Gerüstes.

Abb. 76. Zwei Bauabschnitte des vorgespannten Hängedaches in Biel

2.3. Statische Fragen

2.3.1. Verformungen und Kraftumlagerungen infolge des Kriechens

Das Kriechen, eine zeitabhängige Verformung des Betons, vollzieht sich unter dem Einfluß der durch die äußeren Kräfte hervorgerufenen Betonspannungen. Werden die Kriechverformungen behindert, so treten Zwängungskräfte auf. Das ist besonders bei der Verbindung von Fertigteilen zu berücksichtigen. Wird z. B. ein Durchlaufträger aus feldweise vorgefertigten Einzelbalken ohne Hilfsunterstützungen montiert und werden diese Einfeldbalken erst nach dem Aufbringen der ständigen Lasten, also auch der Nebenträger und Platten, über den Stützen biegefest miteinander verbunden, so bleiben die Querschnitte über den Stützen nicht in ihrem bei der Montage noch momentenfreien Zustand. Infolge der in den Feldern auftretenden Biegespannungen entstehen Kriechverformungen. Da diese durch die nun über den Stützen vorhandenen Einspannungen behindert werden, bauen sich dort Momente auf. Diese unterscheiden sich bei den zumeist vorkommenden Endkriechmaßen nicht sehr von den Momenten, die auftreten würden, wenn die Kontinuität schon vor dem Aufbringen der ständigen Lasten hergestellt wäre. Bezeichnet man diese Momente mit M_{el}, so ist also am Ende des Kriechvorganges

$$M_\infty = M_{el} \cdot f(\varphi) \tag{2.3.1/I}$$

Für $f(\varphi)$ wurde bisher der Ausdruck $(1 - e^{-\varphi})$ angesetzt. Dieser Ausdruck geht zurück auf die Arbeiten des hervorragenden Forschers F. DISCHINGER, der als erster bereits 1937 ein Verfahren zur Erfassung der zeitabhängigen Verformungen des Betons entwickelt hat [16, 17]. Der Ansatz DISCHINGERS mußte neuen Erkenntnissen angepaßt werden, die man in den letzten Jahren durch die Forschungsarbeiten über das visko-elastische Verhalten des Betons, insbesondere die Relaxationsvorgänge, gewonnen hat. Nach einem von H. TROST [18] entwickelten Verfahren ist anstelle des

Wertes $e^{-\varphi}$ zu setzen $1 - \dfrac{\varphi}{1 + \varrho\,\varphi}$. Hierin ist ϱ ein Relaxationskennwert, der nach H. TROST [20] allgemein zu 0,85 angenommen werden kann. Damit ergibt sich der einfache Ausdruck

$$f(\varphi) = 1 - \left(1 - \frac{\varphi}{1 + \varrho\,\varphi}\right) = \frac{\varphi}{1 + 0{,}85\,\varphi}$$

Hier sei auch auf die in [19] und [21] vermerkten Arbeiten von H. TROST und W. ZERNA über die Rheologie des Betons hingewiesen.

H. Rüsch ersetzt in seinem Buch „Stahlbeton-Spannbeton" [22], S. 296, in dem Ansatz von Dischinger $e^{-\varphi}$ durch

$$c_r = \frac{1}{1+0,4\,\alpha} \cdot e^{-\frac{\varphi-0,4}{1+0,4\,\alpha}}.$$

Also $\quad f(\varphi) = 1 - c_r$.

α ist ein Steifigkeitsbeiwert. In den hier behandelten Fällen eines plötzlich auftretenden Zwanges ist $\alpha = 1$. Damit ist

$$c_r = \frac{1}{1,4} \cdot e^{-\frac{\varphi-0,4}{1,4}}.$$

Die Werte $f(\varphi)$ gelten für alle Fälle eines nach der Balkenmontage spontan eingeleiteten Zwanges, z. B. auch für den in Abb. 77 dargestellten Fall eines zunächst frei gelagert montierten und hierauf in seitlichen Stützen oder im Mauerwerk eingespannten, vorgefertigten Balkens.

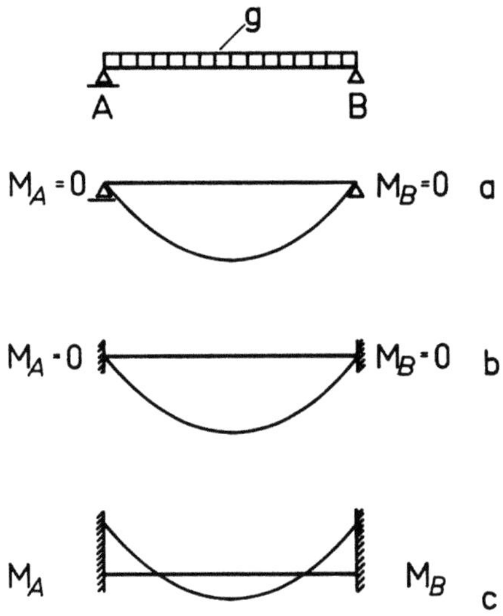

Abb. 77. Die Biegemomente infolge der Kriechumlagerung in einem frei drehbar montierten und hierauf an den Auflagern eingespannten Balken. a Beim Absetzen des Trägers, b beim Festsetzen des Trägers, c nach dem Abschluß des Kriechens

Für die zumeist vorkommenden Fälle, in denen φ_∞ die Größenordnung von 3 hat, liegen die Werte $f(\varphi)$ in der Nähe von 1,0. Nun beruhen die Ansätze auf der Annahme homogener unbewehrter Betonquerschnitte. In den Stahlbetongliedern nimmt die Bewehrung die Biegezugkräfte auf. Da der Stahl selbst nicht kriecht, können im Zustand II nur die Spannungen der Druckzone das Kriechen verursachen, so daß die Kriechverformungen geringer sind als im Zustand nichtgerissener Zugzone.

Ein Vergleich der Kriechverformungen beim Ausschluß der Betonzugspannungen einerseits und andererseits im Stadium nichtgerissener Zugzone läßt sich angenähert mit einer Arbeitsgleichung in folgender Weise führen.

Wir trennen aus einem Stahlbetonbalken an der Stelle des größten Momentes ein Stück von der Länge dl, an dem das Moment Mg der äußeren Kräfte wirkt (Abb. 78). Bei gerissener Zugzone erzeugt dieses Moment die Spannungen σ_{bx} und σ_e, denen die elastischen Dehnungen

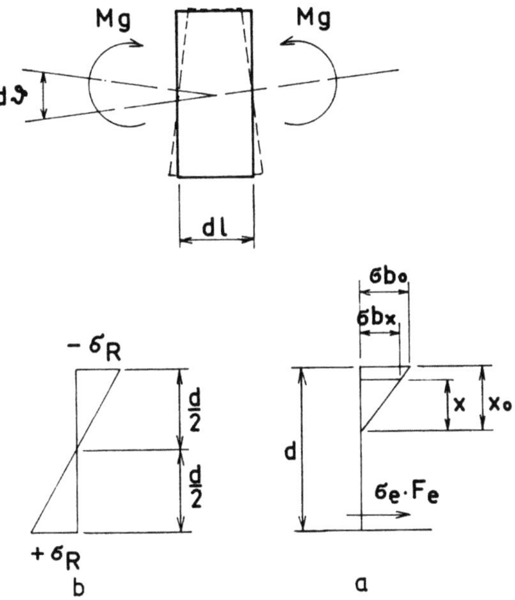

Abb. 78 a, b. Die Spannungen in einem Stahlbetonbalken beim Angriff eines äußeren Momentes: a bei gerissener Zugzone, b in einem unbewehrten Balken bei voll wirksamer Zugzone

$\varepsilon_{bx} = \dfrac{\sigma_{bx}}{E_b}$ und $\varepsilon_e = \dfrac{\sigma_e}{E_e}$ entsprechen (Abb. 78). Die Verformungen infolge des Kriechens sind also

$$\varepsilon_{bx} = \frac{\sigma_{bx}}{E_b} \cdot \varphi.$$

Während des Kriechvorganges leisten die Betonspannungen auf dem Weg $\varepsilon_{bx} \cdot dl$ bei einer Balkenbreite b und einer Höhe dx die Arbeit

$$dA = b \cdot \sigma_{bx} \cdot dx \cdot \varepsilon_{bx} \cdot dl$$

$$= b \cdot \sigma_{bx} \cdot \frac{\sigma_{bx}}{E_b} \cdot \varphi \cdot dx \cdot dl$$

$$= b \cdot \frac{\sigma_{bx}^2}{E_b} \cdot \varphi \cdot dx \cdot dl.$$

Lassen wir zunächst eine Veränderung der keiner Kriechverformung unterworfenen Stahlspannungen außer acht, ist die gesamte Arbeit der inneren Kräfte, bezogen auf die Länge dl

$$A_i = b \cdot dl \cdot \frac{\varphi}{E_b} \int \sigma_{bx}^2 \cdot dx\,.$$

Mit $\sigma_{bx} = \sigma_{b0} \cdot \dfrac{x}{x_0}$ ist $\quad A_i = b \cdot dl \cdot \dfrac{\varphi}{E_b} \displaystyle\int_0^{x_0} \sigma_{b0}^2 \cdot \frac{x^2}{x_0^2} \cdot dx$

$$= \frac{b \cdot dl}{3} \cdot \frac{\varphi}{E_b} \cdot \sigma_{b0}^2 \cdot x_0\,. \tag{2.3.1./II}$$

Die Arbeit A_a, die das äußere Moment beim Kriechen leistet, muß gleich sein der Arbeit A_i der inneren Kräfte, also

$$M \cdot d\vartheta_\varphi = \frac{b \cdot dl}{3} \cdot \frac{\varphi}{E_b} \cdot \sigma_{b0}^2 \cdot x_0\,.$$

Die Kriechverformung, ausgedrückt durch den Drehwinkel $d\vartheta_\varphi$, ist also:

$$d\vartheta_\varphi = \frac{1}{Mg} \cdot \frac{b \cdot dl}{3} \cdot \frac{\varphi}{E_b} \cdot \sigma_{b0}^2 \cdot x_0\,. \tag{2.3.1/III}$$

Nun verringert sich beim Kriechvorgang der Krümmungsradius. Infolgedessen verschiebt sich die Nullinie zur Zugzone hin. Die Druckzone wird also größer. Da aber bei gleichbleibendem äußerem Moment die Druckkraft annähernd gleich bleibt, ermäßigen sich die Betondruckspannungen. Andererseits verkleinert sich der Hebelarm der inneren Kräfte, so daß sich die Stahlspannungen geringfügig erhöhen. Diese Verhältnisse hat H. RÜSCH anschaulich in [23] auf S. 296 und 297 erörtert (s. Abb. 78 c).

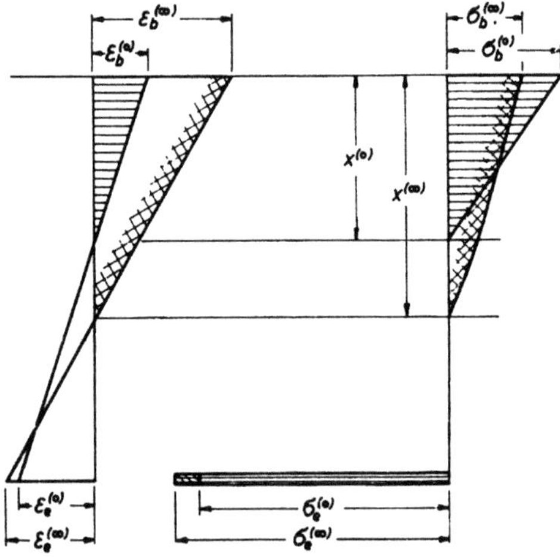

Abb. 78 c. Die bei reiner Biegung durch das Kriechen des Betons der Druckzone erzeugten Spannungsumlagerungen und ihre Auswirkung auf die Verformung

Während also der oben abgeleitete Beitrag der Druckspannungen zur Arbeit der inneren Kräfte geringer wird, liefert das Anwachsen der Stahlspannungen einen positiven Beitrag. Diese beiden Einflüsse gleichen sich aus.

Wir nehmen nun an, daß an dem gleichen Balkenstück das gleiche Moment wirkt, daß aber die Biegezugspannungen vom Beton aufgenommen werden (Abb. 78). Ersetzt man in obiger Gleichung den Wert x_0 durch die halbe Balkendicke $d/2$ und σ_{b0} durch σ_R, so ergibt sich für die Arbeit der Druckzone

$$A_i = \frac{b \cdot dl}{3} \cdot \frac{\varphi}{E_b} \cdot \sigma_R^2 \cdot \frac{d}{2}.$$

Die Betonzugspannungen liefern den gleichen Betrag, da der gezogene Beton in der gleichen Weise kriecht wie der gedrückte. Also ist die gesamte Arbeit der inneren Kräfte, bezogen auf die Länge dl

$$A_{i\,\text{gesamt}} = \frac{b \cdot dl}{3} \cdot \frac{\varphi}{E_b} \cdot \sigma_R^2 \cdot d$$

$$d\vartheta_\varphi = \frac{1}{Mg} \cdot \frac{b \cdot dl}{3} \cdot \frac{\varphi}{E_b} \cdot \sigma_R^2 \cdot d. \qquad (2.3.1/\text{IV})$$

Das Verhältnis der Verformungen bei gerissener Zugzone zu den Verformungen bei voll wirksamem Betonquerschnitt erhält man, wenn man Gleichung 2.3.1/III durch Gleichung 2.3.1/IV dividiert. Die Verhältniszahl ist

$$k = \left(\frac{\sigma_{b0}}{\sigma_R}\right)^2 \cdot \frac{x_0}{d}.$$

Das folgende Zahlenbeispiel möge den Vergleich anschaulich machen.

Ein frei aufliegender Balken werde nach DIN 1045 (neu) für ein Moment $Mg = 50$ Mpm bemessen. Der Bemessung sollen die Werte für Bn 450 und Betonstahl BST 42/50 zugrunde liegen. Der gewählte Betonquerschnitt sei $d/b = 70$ cm/30 cm; h = 65 cm. Dann ist nach den Tafeln von GRASSER (Betonkalender 1972, S. 597):

$$k_h = \frac{65}{\sqrt{\dfrac{50}{0,30}}} = 5,02; \quad k_e = 0,5$$

$$F_e = \frac{50}{0,65} \cdot 0,5 = 38,5 \text{ cm}^2$$

$$n = \frac{21 \cdot 10^5}{3,7 \cdot 10^5} = 5,7$$

Nun ist für Zustand II:

$$x = \frac{5{,}7 \cdot 38{,}5}{30}\left[-1 + \sqrt{1 + \frac{2 \cdot 30 \cdot 65}{5{,}7 \cdot 38{,}5}}\right] = 24{,}4 \text{ cm}$$

$$\sigma_{b0} = \frac{2 \cdot 50 \cdot 10^5}{30 \cdot 24{,}4\left(65 - \dfrac{1}{3} \cdot 24{,}4\right)} = 240 \text{ kp/cm}^2$$

$$\sigma_R = \frac{50 \cdot 10^5 \cdot 6}{30 \cdot 70^2} = 204 \text{ kp/cm}^2$$

$$k = \left(\frac{240}{204}\right)^2 \cdot \frac{24{,}4}{70} = 0{,}48$$

Die Kriechverformung bei gerissener Zugzone ist also nur halb so groß wie die entsprechende Verformung, die sich bei einem voll wirksamen, unbewehrten Querschnitt einstellen würde. Da man mit ausreichender Genauigkeit annehmen kann, daß sich das gleiche Verhältnis k an allen Stellen eines auf Biegung beanspruchten Balkens einstellt, kann man bei gerissener Zugzone die Zwängungsmomente mit einem um den Quotienten k abgeminderten Kriechwert ermitteln, also

$$\varphi_i = k \cdot \varphi$$

Das ergibt z. B. nach dem Ansatz von H. Rüsch für das oben durchgeführte Rechenbeispiel mit einem Endkriechmaß $\varphi_\infty = 3{,}0$:

$$\varphi_{i\infty} = 0{,}48 \cdot 3{,}0 = 1{,}44\,,$$

$$c_r = \frac{1}{1{,}4} \cdot e^{-\frac{1{,}44 - 0{,}4}{1 + 0{,}4}} = 0{,}34\,,$$

$$M_\infty = M_{el}(1 - 0{,}34) = 0{,}66\,M_{el}.$$

Nach dem Ansatz von H. Trost ist

$$M_\infty = M_{el} \cdot \frac{1{,}44}{1 + 0{,}85 \cdot 1{,}44} = 0{,}65\,M_{el}.$$

Das Näherungsverfahren läßt sich auch für die Plattenbalken anwenden. Wie bei der Ermittlung der Schnittgrößen in statisch unbestimmten Tragwerken kann man annehmen, daß die mitwirkende Plattenbreite in ganzer Balkenlänge konstant ist, wenn sie der DIN 4224 entspricht. Die Vergleichswerte k sind bei Plattenbalken niedriger als bei Rechteckbalken, da im Falle des voll wirksamen Querschnittes die Betonzugzone auf die schmalen Rippen beschränkt ist.

Für solche Querschnitte läßt sich die Verhältniszahl k nicht in einer einfachen Formel ausdrücken. Es empfiehlt sich, in jedem Einzelfall nach der Ermittlung der Schnittgrößen die Arbeit A_i der inneren Kräfte unmittelbar rechnerisch zu bestimmen. Für die in den Stegen dreieckförmig verteilten Spannungsdiagramme sowie in den Fällen, in denen die Nullinie in der Platte liegt, gilt die Formel [2.3.1/II]. Sind in den Platten die Spannungen trapezförmig verteilt, so ist mit den Randspannungen σ_1 und σ_2, der Breite b und der Dicke d:

$$A_{i\,\text{Platte}} = \frac{b \cdot \varphi}{E_b} \int\limits_0^d \sigma_x^2 \mathrm{d}x.$$

Nach einer in der Stabstatik geläufigen Formel ist:

$$\int\limits_0^d \sigma_x^2 \mathrm{d}x = \frac{d}{3}\,(\sigma_1^2 + \sigma_2^2 + \sigma_1 \cdot \sigma_2).$$

Also

$$A_{i\,\text{Platte}} = \frac{b \cdot \varphi}{E_b} \cdot \frac{d}{3}(\sigma_1^2 + \sigma_2^2 + \sigma_1 \cdot \sigma_2).$$

Haben die Stege trapezförmigen Querschnitt, so ist wegen der veränderlichen Breite b die zur Ermittlung des betreffenden Arbeitsbetrages benötigte Integration numerisch, etwa mit Hilfe der Simpsonschen Regel, durchzuführen.

2.3.2. Versuche über die Reibung zwischen Beton und Stahl

In den vorhergehenden Darlegungen wurden häufig vorkommende Fälle behandelt, in denen zu Montagezwecken oder auch für endgültige Bauzustände Stahlflächen gegen Betonkörper zu spannen sind. Das Ziel der hier beschriebenen Versuche war die Ermittlung des Reibungswiderstandes, der zwischen glatten Betonflächen und Stahlplatten auftritt, wenn diese durch eine Spannkraft gegen den Betonkörper gepreßt und einer senkrecht dazu wirkenden Scherkraft ausgesetzt werden.

Als Betonkörper dienten Würfel mit Kantenlängen von 20 cm. Die Spannkraft wurde durch einen Sigmastahl aufgebracht, der mit H. V.-Muttern hinter den Stahlplatten verankert war. Nach dem Spannen und Festsetzen der Muttern wurde die in dem Stab herrschende Kraft mit Dehnungsmeßstreifen ermittelt, die auch während der Gleitversuche zur Kontrolle angeschlossen blieben.

Bei den Versuchen stützten sich nach Abb. 79, S. 74, die Platten a so auf stählerne Stühle b ab, daß sich die zusammengespannten Teile gegeneinander

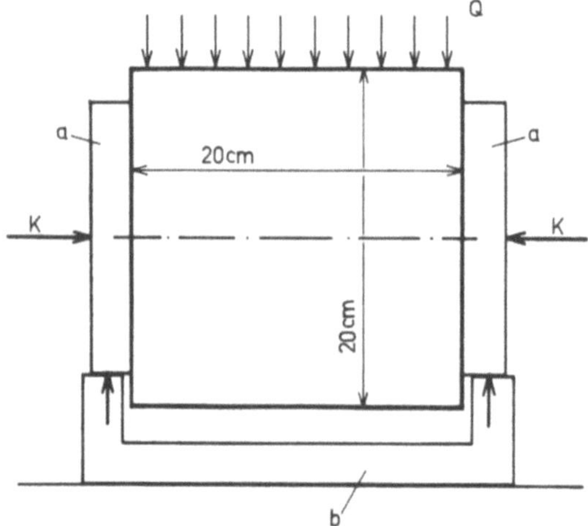

Abb. 79. Gleitversuche. Anordnung des Versuchskörpers

verschieben konnten. Mit dieser Vorrichtung wurden die Versuchskörper zwischen den Backen einer Würfelpresse einem langsam gesteigerten Druck ausgesetzt (Abb. 80). Ein Schleppzeiger des Manometers hielt die größte erreichbare Pressenkraft und damit den Beginn des Gleitens fest. Dieses Stadium wurde außerdem mit Marken an den Versuchskörpern verfolgt.

Abb. 80. Der Versuchskörper in der Druckpresse

Den Reibungswiderstand, dessen Überwindung das Gleiten einleitete, kennzeichnete die Beziehung

$$\mu = \frac{Q}{2\,K},$$

wobei Q die Pressenkraft und K die Kraft des gespannten Stahles war.

Die Kontaktflächen der Stahlplatten waren mit dem Sandstrahl behandelt. Die 0,1 bis 2 mm dicken Sandkörner hatte das Gerät mit einem Druck von 5,5 atü bei einem Abstand von 30 cm auf die Flächen gestrahlt. Die Glätte der Betonflächen entsprach der Stahlschalung, in der die Betonkörper hergestellt wurden.

Die Versuche wurden in 2 Reihen durchgeführt. Für jeden Versuch wurde ein neuer Betonkörper verwendet, dagegen blieben bei allen Versuchen die Stahlplatten die gleichen.

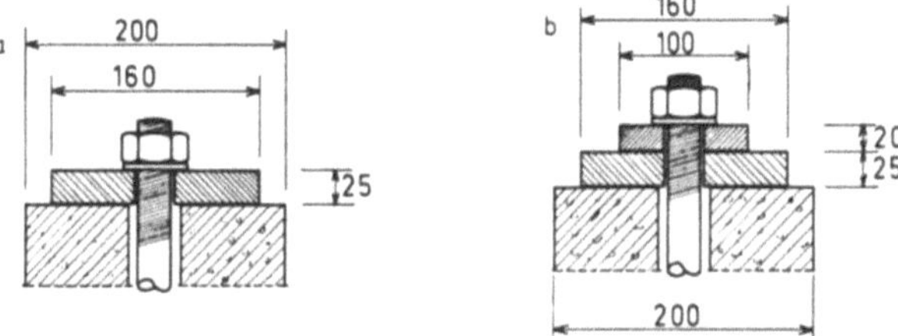

Abb. 81. a Versuch mit einer 25 mm dicken Stahlplatte, b Verstärkung der Stahlplatte im Bereich des Bolzens durch eine 20 mm dicke Platte

Versuchsreihe 1

Bei den Versuchen dieser Reihe hatten die Stahlplatten eine Grundfläche von 160 mm/160 mm. Ihre Dicke betrug 25 mm (Abb. 81 a). Die an 3 Körpern durchgeführten Versuche ergaben folgende Werte:

$$\frac{Q}{2\,K} = 0{,}61\,;\ 0{,}62\,;\ 0{,}66.$$

Damit betrug der Reibungsbeiwert im Mittel $\mu = 0{,}63$.

Versuchsreihe 2

Diese Versuche sollten klären, ob die Konzentration der Pressungen im Bereich der Ankerkanäle durch eine Verformung der Betonfläche einen Einfluß auf die Haftreibung hat. Zu diesem Zweck wurden die in der Versuchsreihe 1 verwendeten Stahlplatten mit 20 mm dicken, in der Grundfläche 100 mm/100 mm messenden Platten ausgesteift (Abb. 81 b). Die drei in dieser Reihe durchgeführten Versuche ergaben die Werte

$$\frac{Q}{2\,K} = 0{,}61\,;\ 0{,}62\,;\ 0{,}62.$$

Der Mittelwert $\mu = 0{,}613$ liegt nur um 3% unter dem entsprechenden Wert der Reihe 1.

Legt man den Berechnungen den Wert $\mu = 0{,}6$ zugrunde, so ist auch der in der Reihe 2 untersuchte Einfluß mit Sicherheit erfaßt.

2.4. Grundsätzliches zur Wahl der Systeme

Beim Bauen mit vorgefertigten Stahlbetonteilen hängt der Erfolg wesentlich von der Wahl des Systems ab, das der Konstruktion zugrunde liegt. Stets ist zu beachten, daß der Stahlbeton ursprünglich monolithisch ist und daß die ihm hierdurch eigenen Vorteile bei der Aufgliederung in vorzufertigende Einzelstücke nicht verlorengehen. Statik und Wirtschaftlichkeit hängen besonders in dieser Hinsicht eng zusammen.

2.4.1. Skelettkonstruktion

Bei einer ganz in Ortbeton hergestellten Skelettkonstruktion reicht die statische Höhe der Unterzüge von der Oberkante bis zur Unterkante der Deckenkonstruktion (Abb. 82). Die Deckenplatte wirkt in den Feldern als Druckplatte und beschränkt dadurch die Balkenbreite. Infolge der monolithischen Verbindung der Unterzüge und Stützen wirkt das System in statisch vorteilhafter Weise als Rahmen. Die Nebenträger durchdringen die Unterzüge in gleicher Höhenlage. So ist eine natürliche Durchlaufwirkung gegeben, und die wirtschaftliche Querschnittshöhe fügt sich in die durch die Unterzüge bestimmte Gesamtdicke der Deckenkonstruktion.

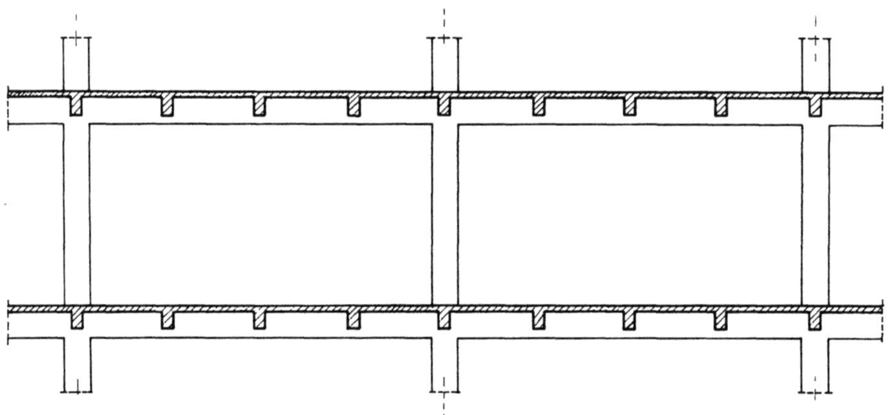

Abb. 82. Schema eines Stahlbeton-Skelettbaues in Ortbetonausführung

Es ist schwierig, die Vorzüge dieser aus einem Guß hergestellten Konstruktion bei einer Zerlegung in Fertigteile zu wahren. Abb. 83 zeigt eine viel angewandte Bauweise. Die Nebenträger sind zusammen mit den Deckenplatten als zweistegige Plattenbalken vorgefertigt. Sie lagern auf den Oberkanten der Hauptträger und beanspruchen bei einer wirtschaftlichen Bemessung einen wesentlichen Anteil der Gesamthöhe der Deckenkonstruktion. Das gleiche gilt für die Unterzüge. Die Gesamtdicke der Decke beeinflußt aber die Kosten des umbauten Raumes, angefangen von den Kosten der Außenwände bis zu den ständigen Betriebskosten des zu beheizenden Gesamtvolumens. Beschränkt man die Dicken der übereinander angeordneten Haupt- und Nebenträger, um diesem Nachteil zu begegnen, erhöht sich der Stahlbedarf. Außerdem sind bei einer niedrigen Bauhöhe der Unterzüge die Gerbergelenke empfindlich gegen Ausführungsfehler. Schließlich begünstigen die frei drehbaren Auflager örtliche Schäden infolge der Kriechverformungen der Balken.

Hinsichtlich der gesamten Deckenhöhe ist eine Konstruktion nach Abb. 84, S. 78, günstiger. Die Rippen der vorgefertigten Tragplatten sind an den Auflagern unterschnitten. Auf die Länge dieser Unterschneidungen ist die Dicke der Platten voutenförmig angezogen, so daß unmittelbar am Auflager die auf diese Weise verstärkten Platten die Querkräfte des Plattenbalkens aufnehmen können. Von dort aus verlagern sich die Schubspannungen allmählich in die Stege. Diese Umlagerung ist in der Bewehrung zu berücksichtigen.

Die Querschnitte der Rippenplatten können nach Abb. 85, S. 78, gestaltet werden. Statisch besser ist die Ausbildung nach Abb. 86, S. 79. Hier sind die Deckenplatten in den schmalen Feldern zwischen den Rippen der benach-

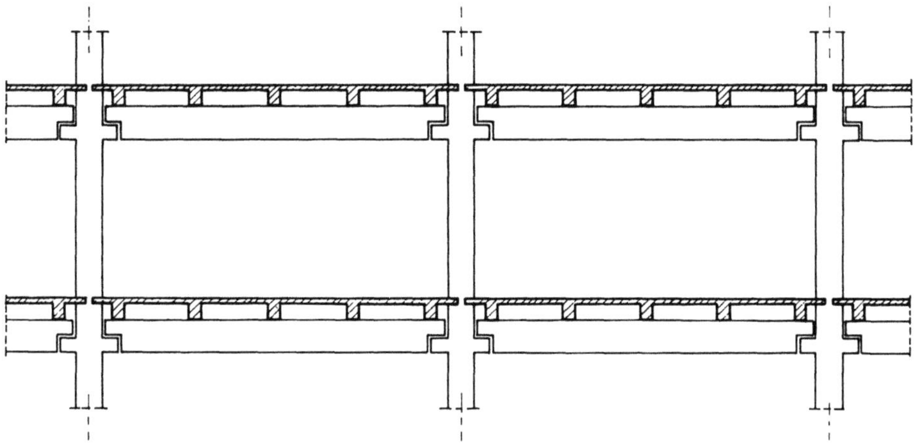

Abb. 83. Schema einer Ausführung mit vorgefertigten Elementen. Die Nebenträger liegen auf den Oberkanten der Unterzüge

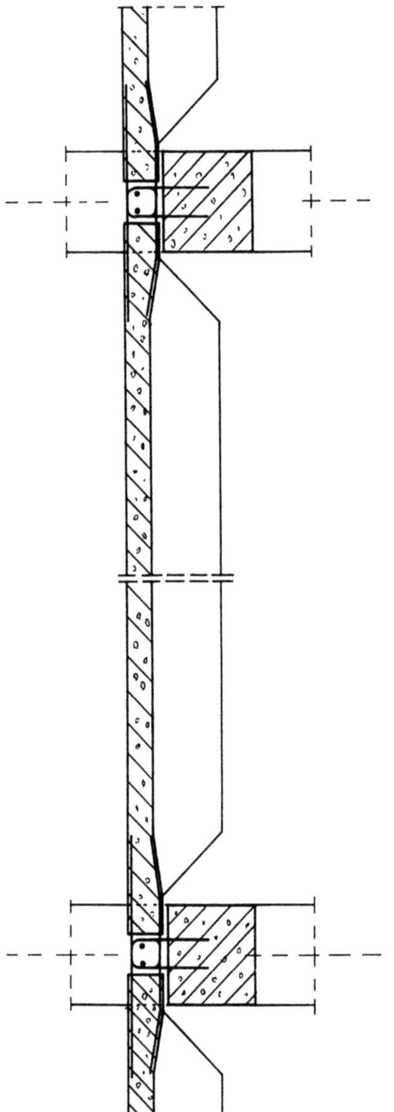

Abb. 84. Die Rippen der doppelstegigen Tragplatten sind an den Auflagern zur Beschränkung der Deckenhöhe unterschnitten

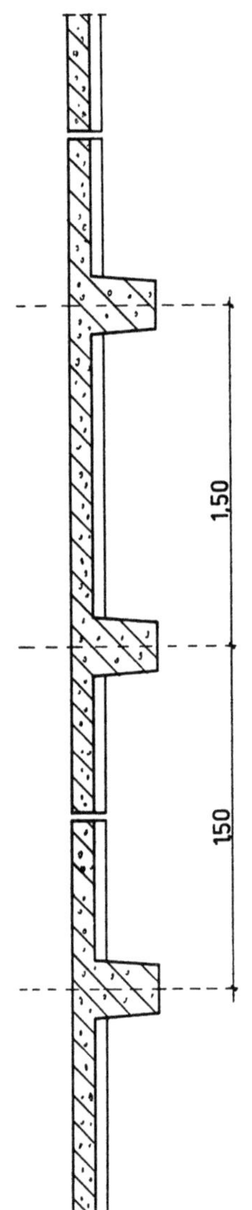

Abb. 85. Querschnitt durch die Tragplatten nach Abb. 84 mit gleichmäßigen Rippenabständen. Längsfugen nach DIN 1045 (neu) Bild 41

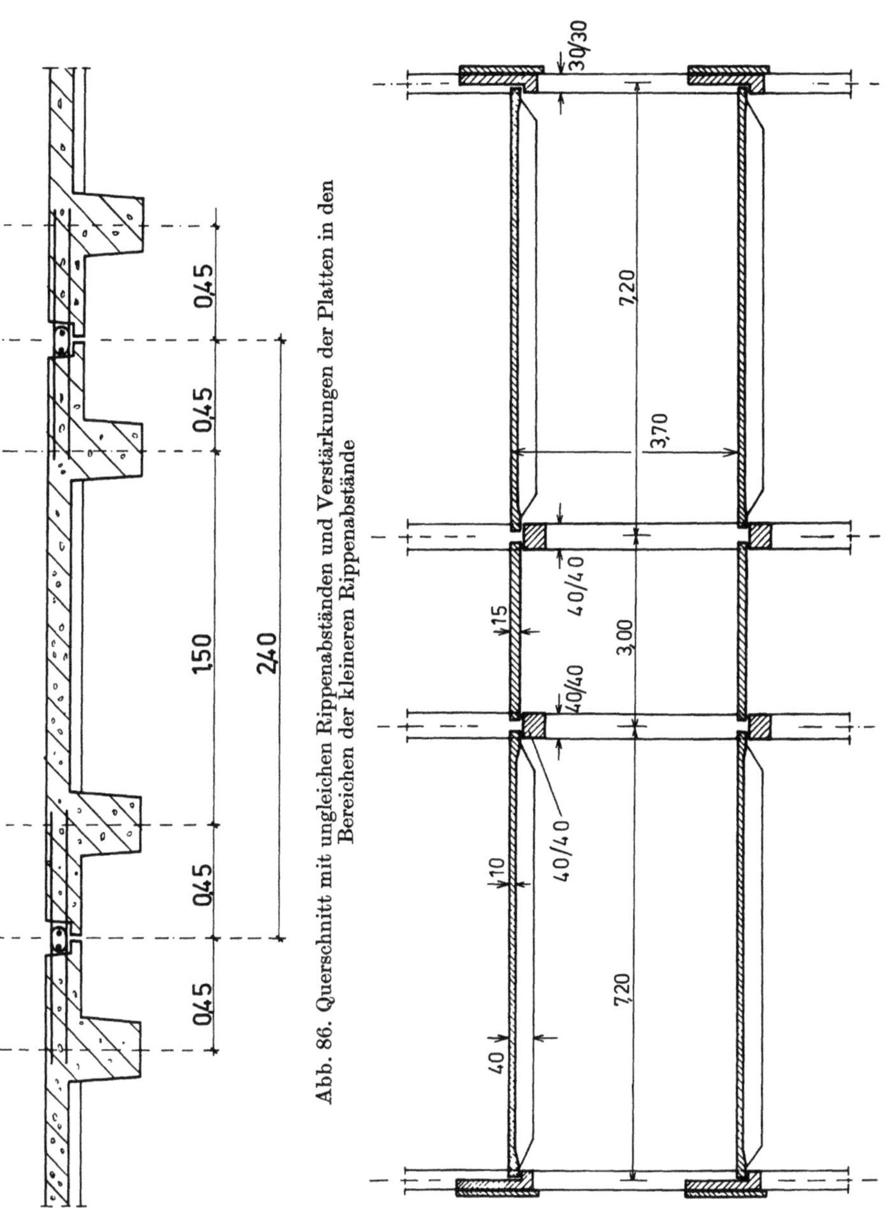

Abb. 86. Querschnitt mit ungleichen Rippenabständen und Verstärkungen der Platten in den Bereichen der kleineren Rippenabstände

Abb. 87. Skelettbauweise, angewandt bei mehreren Schulbauten

barten Tragplatten verstärkt. In diesen Verstärkungen sind die Fertigteile durch Schlaufen und Mörtelverguß zug- und biegefest miteinander verbunden. So wirken sie bei ungleichmäßiger Verteilung der lotrechten Lasten zusammen und bilden eine monolithische Scheibe zur Aufnahme der waagerechten Kräfte. Die Anwendung von Rippenplatten mit unterschnittenen Stegen beim Bau von dreigeschossigen Schulen zeigt Abb. 87, S. 79. Die Flurdecken sind vorgefertigte Platten, deren Dicke sich den Auflagerverstärkungen der die Seitenfelder überspannenden Rippenplatten anpaßt.

Eine andere Deckenkonstruktion, bei der sich die Balken in gleicher Höhenlage kreuzen, besteht darin, daß die Unterzüge einen T-förmigen Querschnitt haben, dessen Flansche zur Aufnahme der Nebenträger unten liegen.

2.4.2. Bogentragwerke

Die Bogenform entspricht zwar nicht mehr dem Zeitgeschmack, es kann jedoch nicht auf den Hinweis verzichtet werden, daß Bogenbinder die wirtschaftlichste Art sind, weite Hallenräume stützenfrei zu überspannen.

Der Bogen lenkt die äußeren Kräfte in eine Stützlinie um. Sind diese Kräfte gleichmäßig über die Spannweite verteilt, liegt die Stützlinie in der Systemachse des entsprechend geformten Bogens. In seinen Querschnitten treten also nur Druckspannungen auf, d. h. Beanspruchungen, denen der Beton hoher Güte besonders gerecht wird. Während dem Balken zur Aufnahme des Biegemomentes der äußeren Kräfte nur eine beschränkte Höhe zur Verfügung steht, beträgt beim Bogen der Hebelarm des entsprechenden Kräftepaares ein Mehrfaches. Außerdem entfallen beim Bogen die Querkräfte, wenn die Stützlinie in seiner Achse liegt.

Die durch den Bogenschub ausgeübte Zugkraft — die andere Komponente des Kräftepaares — kann durch hochwertige Stähle, also mit kleinem Querschnitt, aufgenommen werden. So benötigt der Bogen einen geringen Aufwand an Beton und Stahl. Das wirkt wieder zurück auf das Eigengewicht und alle damit zusammenhängenden Faktoren bis zum Transport und der Montage.

Es sei jedoch auch folgender Gesichtspunkt erwähnt. Die Gesamtkosten eines Bauwerkes hängen nicht nur von den Herstellungskosten, sondern auch von den Kosten ab, mit denen bei seinem Betrieb zu rechnen ist. So sind bei der Veranschlagung von beheizten Bogenhallen die laufenden Kosten für die Beheizung des Luftraumes im Bogenbereich zu berücksichtigen. Man kann dem begegnen, indem man die Dachdecke mit Neigung flach in der Höhe der Zugbänder anordnet und an die Bogenbinder hängt. Da diese dann frei über die Dachfläche hinausragen, sind sie paarweise durch Aussteifungsriegel zu verbinden.

Als Beispiel einer vorgefertigten Bogenhalle diene ein Lagergebäude der

Solvay-Werke in Rheinberg (Abb. 88). Die 24 m weit gespannten Bogenbinder haben bei einem Abstand von 6 m einen Querschnitt von 35 cm/ 25 cm. Die Zugbänder bestehen aus 2 Sigmastählen $\varnothing$ 26 mm. Sie sind an ihren Enden mit einem aufgewalzten Gewinde versehen und hinter den Bogenkämpfern mit Stahlplatten verankert.

Die Bögen wurden im Schichtenverfahren übereinanderliegend hergestellt. Bei der Montage wurden die beiden Teilstücke eines Dreigelenkbogens frei schwebend gedreht und zunächst auf dem Hallenboden über einem leicht verschieblichen Scheitelgerüst mit dem Zugband zusammengefügt.

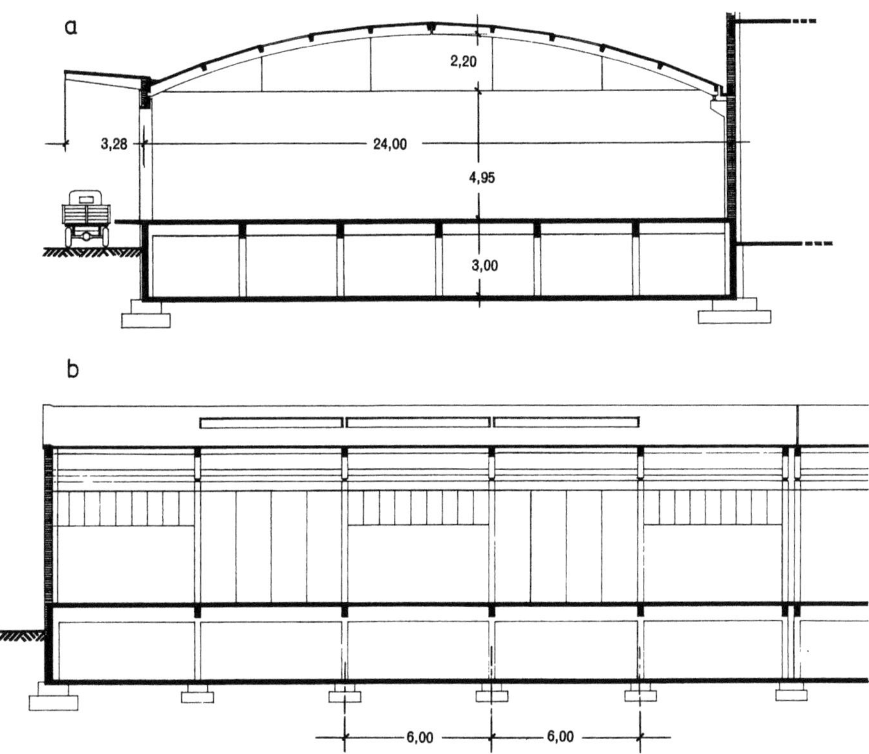

Abb. 88. Querschnitt a und Längsschnitt b durch eine Lagerhalle der Solvay-Werke in Rheinberg. Die beiden Hälften der Dreigelenk-Bogenbinder wurden im Schichtenverfahren betoniert, auf der Kellerdecke mit den Zugbändern zusammengefügt und insgesamt montiert

Aus dieser Stellung baute der Kran die Bögen ein. Dabei erfaßten zwei Tragseile die Kämpfer. Zwei andere, vom Kranhaken in die Nähe des Scheitels führende Seile sicherten die Stabilität gegen Kippen um die Zugbandachse, und ein über das Scheitelgelenk gestülpter Rahmen aus Winkelstahl verhinderte, daß die beiden Bogenhälften aus ihrer Ebene knickten. Vor dem Einbau der Pfetten steiften leichte Dreigurtträger die Bögen aus (Abb. 89).

Die Pfetten betonierte die Baustelle in einer Batterieschalung. Dabei sparten Hüllrohre die Kanäle für die später einzufädelnde Spannbewehrung aus. Auf den im Abschnitt 1.3.1.1 beschriebenen Montagestühlen ruhend, stießen die Pfetten mit schmaler Fuge gegen die Seitenflächen der Bögen. Die Stühle wurden bereits aufgesetzt und ausgerichtet, solange die Bögen noch auf dem Hallenboden standen. Nach dem Vermörteln der Fugen fädelte die Winde die Spannbewehrungen ein, deren Vorspannung die Pfetten zu Durchlaufträgern zusammenfügte, so daß sie die Dachplatten aus Bimsbeton aufnehmen konnten. Das Prinzip des Teilens führte zwar zu vielen Einzelstücken, aber die hierbei erzielten einfachen Formen begünstigten die Serienfertigung, und das angewandte Montageverfahren beschleunigte ihren Einbau.

Die mit den Oberkanten der Bögen bündig liegenden Pfetten vermitteln den gleichen geschlossenen Eindruck wie eine monolithisch betonierte Konstruktion [24].

Über weitgespannte, vorgefertigte Bogenbinder mit vorgespannten Zugbändern ist in Abschnitt 2.1.5.1. berichtet.

Abb. 89. Die Montage der Halle. Die in einer Batterieschalung mit leeren Spannkanälen vorgefertigten Pfetten wurden mit den in Abschnitt 1.3.1 beschriebenen Montagestühlen aufgehängt und mit den nachträglich eingezogenen Spanngliedern mit den Bogenbindern zusammengespannt

2.4.3. Die HP-Schalen

Läßt man eine Hyperbel um ihre Nebenachse rotieren, so beschreibt sie
die Fläche eines einschaligen Hyperboloids. Diese doppelt gekrümmte Fläche kann man auch auf folgende Weise darstellen (Abb. 90). Man verbindet
auf zwei in parallelen Ebenen liegenden, konzentrischen Kreisen je zwei
gegeneinander versetzte Punkte P_o und P_u geradlinig miteinander und
wiederholt diese Maßnahme fortlaufend über den Umfang der Kreise. So

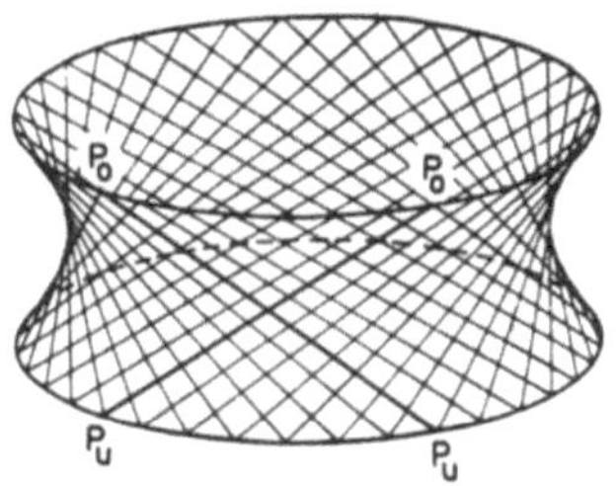

Abb. 90. Einschaliges Rotationshyperboloid

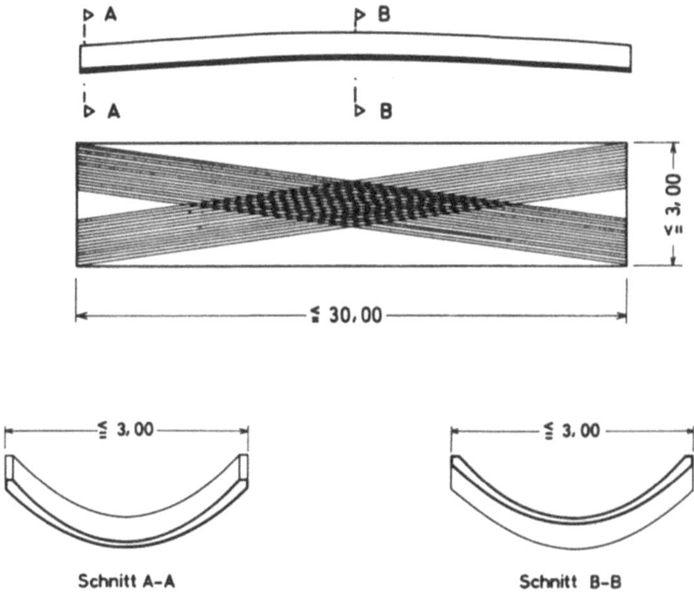

Abb. 91. HP-Schale als im Spannbett vorgespanntes Stahlbeton-Fertigteil

ergeben sich — je nach dem Sinn, in dem man die korrespondierenden Punkte aufeinander folgen läßt — zwei Scharen von sich kreuzenden Geraden, die alle in einer Hyperboloidfläche liegen. Man kann also Stahlbetonschalen, die nach einer solchen doppelt gekrümmten Fläche gestaltet sind, in zwei Richtungen mit geraden Stählen vorspannen.

Vergrößert man bei konstantem Abstand der Kreise sowohl deren Durchmesser als auch das Versatzmaß der Punkte P_o und P_u, so wird der Winkel, unter dem sich die Geraden schneiden, spitz, und trennt man aus einem solchen Hyperboloid mit spitzwinklig gekreuzten Geraden und großem Durchmesser ein Stück heraus, so erhält man die in Abb. 91 dargestellte, unter dem Namen „HP-Schale" bekannte Konstruktion. Dieses räumliche Tragwerk kann also zwischen den Auflagern mit geraden Stäben vorgespannt werden. Wegen seiner aufwärts gekrümmten Gestalt ähnelt es dem Bogen mit vorgespanntem Zugband, und als Balken betrachtet hat es mit der in Abb. 32, S. 32, dargestellten Konstruktion gemeinsam, daß die Spannbewehrung gerade verläuft, während sich der Betonkörper dem Momentenverlauf anpaßt. Im Bereich der größten Feldmomente liegt also die Spannbewehrung an der Unterkante des Tragwerkes, und zu den Auflagern hin wird ihre Lage der Aufnahme der Querkräfte in günstiger Weise gerecht. Über den Auflagern schneidet die Resultierende der Vorspannkräfte die Schwerachse des Querschnittes, so daß dort aus den inneren Kräften kein Moment entsteht.

Diese räumlichen Tragwerke sind biegesteife Schalen. Man verzichtet auf die Membranwirkung und erzielt dadurch, daß weder an den Längsrändern besondere Randglieder noch über den Auflagern Querscheiben erforderlich sind. Lediglich nimmt die Schalendicke nach den Rändern hin in Längs- und Querrichtung zu. Die hierdurch bedingte Form erleichtert die Vorfertigung, und durch die Geradführung der Spannbewehrung wird die serienmäßige Herstellung im Spannbett ermöglicht. In Längsrichtung treten in den gestreckten Baukörpern keine spürbaren Biegespannungen aus der Schalenwirkung auf. Auch in Querrichtung sind die Schnittmomente aus der Biegesteifigkeit der Schale gering, wenn die in der Feldmitte sich kreuzenden Geraden über den Auflagern die Schwerachse der Endquerschnitte schneiden. Diese Bedingung ist aber bereits erfüllt, wenn die oben beschriebene Anordnung der Spannbewehrung getroffen wird.

Die dünnen Schalen werden in B 600 bis zu Längen von 30 m im Spannbett vorgefertigt. Neben der Spannbewehrung erhalten sie eine obere und eine untere Mattenbewehrung, die im Bereich der Endquerschnitte zur Aufnahme der Spaltzugkräfte aus der Vorspannung verstärkt wird. Auf dem gleichen Spannbett können die Längen und Breiten der Schalen stufenlos variiert werden, so daß eine feststehende Form aus Beton oder Stahl eine weitgehende Typisierung ermöglicht. Die Industrialisierung dieser Bauweise kann noch weiter dadurch gefördert werden, daß bereits das Werk die

Wärmeisolierung und die Abdichtung aufbringt. Entweder werden die Oberseiten der Schalen mit Polyurethan-Hartschaum als Wärmedämmung und Dachabdichtung überzogen, oder die Unterflächen werden mit Perlite-Leichtbeton beschichtet. In diesem Fall erhalten die Oberseiten eine dampfdurchlässige Imprägnierung. Die so gefertigten Dächer bedürfen keiner Wartung, und die auf der Unterseite angebrachte Perliteschicht dient zugleich als Brandschutz.

Die Gewichte der HP-Schalen liegen zwischen 7 und 32 Mp. Zur Lagerung und beim Transport können sie übereinander gestapelt werden. Den Ein-

Abb. 92. Montage von HP-Schalen beim Bau einer Ausstellungshalle in Essen
(Ausführung Hochtief AG)

bau besorgt vorzugsweise ein Mobilkran (Abb. 92). Bei geeigneten Zufahrtswegen und Geländeverhältnissen im Bereich des arbeitenden Kranes kann dieser bis zu 25 Schalen pro Tag montieren.

Der Endauflagerung dienen vorgefertigte Stahlbetonsegmente (Abb. 92), in deren hyperbolische Ausschnitte sich die Schalenränder mit einer Zwischenlage aus Neoprene schmiegen. Diese Neopreneschichten haben im unbelasteten Zustand die Form von Rollen, die sich über die ganze Auflagerlinie erstrecken. Die Verschieblichkeit des beweglichen Lagers wird durch eine zusätzliche Gleitfolie verbessert, während 2 Rollen das feste Lager unverschieblich halten.

In konstruktiver und architektonischer Hinsicht bieten die HP-Schalen mannigfache Möglichkeiten. Sie erfüllen als Tragwerke und als raumabschließende Elemente zugleich zwei Aufgaben. Zwischen den einzelnen

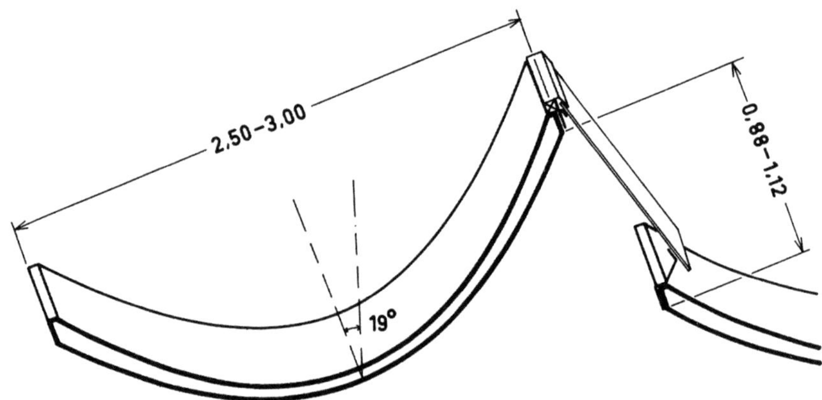

Abb. 93. Konstruktion eines Sheddaches aus HP-Schalen

Schalen lassen sich die Oberlichte anordnen. Auch lassen sich Sheddächer in einfacher Weise durch eine Neigung der Hyperbelachse gestalten (Abb.93). In allen Fällen ergibt sich eine gute Entwässerung der Dachflächen.

Die Statik und Konstruktion liefert die Lizenzgeberin, Normko GmbH., Essen [25, 26].

3. Großräumig vorgefertigte Baukörper

3.1. Das Hubdeckenverfahren

Rationell einander zugeordnete Biegeanlagen, Fertigungsplätze und Betoniereinrichtungen, Mechanisierung aller Arbeitsgänge und Unabhängigkeit von der Witterung sind die Vorzüge des fabrikmäßigen Fertigteilbaues. Ein weiter Antransport zur Baustelle, Zwischenlagerungen und der Zusammenbau vieler kleiner Einzelteile beeinträchtigen jedoch den wirtschaftlichen Erfolg. Die Vorteile des Fertigteilbaues verbindet mit den wertvollen Eigenschaften der großräumig aus einem Guß hergestellten Konstruktionen das Hubdecken-Verfahren.

Nachdem die Fundamente eines mehrgeschossigen Bauwerkes hergestellt und auf ihnen die Stützen aus Stahl oder vorgefertigtem Beton errichtet sind, werden die einzelnen Geschoßdecken dicht übereinandergeschichtet hergestellt. Haben die Decken planparallele Ober- und Unterflächen, trennt sie ein aufgesprühtes Mittel oder eine dünne PVC-Folie voneinander. Von den Stützen trennt die Decken ein schmaler Schlitz. Gleichzeitig mit der Herstellung der Fundamente und des Deckenpaketes werden die Wände der Treppenhäuser und Aufzugsschächte ausgeführt. Ist die oberste Decke genügend erhärtet, nehmen auf den Stützenköpfen die Hubaggregate Platz, die die Decken in die vorgesehene Höhenlage ziehen.

Zwei Aufgaben kennzeichnen also das Verfahren: das Heben der Decken und ihre Befestigung an den Stützen.

Die Hubgeräte bestehen im wesentlichen aus einer hydraulischen Presse, die zwischen zwei Traversen arbeitet. Auf beiden Seiten der Presse verbindet je eine Zugstange die Traversen mit der zu hebenden Decke. Beim Ausfahren der Presse hängen die Zugstangen mit ihrer Last an der oberen Traverse, beim Einfahren stützen sie sich auf die untere Traverse ab. So klettert die Decke bei jedem Hin- und Hergang um die Größe eines Hubes aufwärts. Diese Vorgänge seien am Beispiel des Hubgerätes der Hochtief AG erläutert.

3.1.1. Beispiel eines Hubgerätes

Die der Presse zugeordneten Traversen bestehen aus je einem U-Stahlpaar, dessen Flansche nach außen weisen (Abb. 94, S. 88). Die Stege haben zum Durchführen der Zugstangen einen lichten Abstand von 7 cm. Die

Abb. 94. Die Hubgeräte des Hochtief-Verfahrens

Zugstangen sind Sigmastähle, Durchmesser 26 mm, mit einem auf ihre ganze Länge durchgehenden, aufgewalzten Gewinde. Auf diese Stähle sind in einer Abfolge von 12 cm, entsprechend einem Pressenhub, trapezförmige Körper aus hochwertigem Stahl geschraubt. Fest angezogene Kontermuttern verhindern, daß sich diese Körper beim Transport und bei der Arbeit verdrehen. Mit ihren unteren, waagerechten Flächen stützen sich die Trapezkörper beim Heben auf die obere Traverse und beim Einfahren der Pressen auf die untere Traverse ab. Hierzu dienen die in Abb. 95, S. 89, dargestellten automatisch arbeitenden Vorrichtungen.

Auf den oberen Flanschen der von dem Pressekolben getragenen Traverse greifen Zungen (a) unter die Nocke (b) und übernehmen beim Ausfahren der Presse die Last der zu hebenden Decke. Hierbei nehmen die Rahmen (c) das Kippmoment auf, während die Federn (d) die einwärts gerichtete Lage der Zungen halten. Eine gleiche Vorrichtung befindet sich auf der unteren Traverse, auf der die Hubpresse steht.

Beim Ausfahren der Presse drückt auf der unteren, feststehenden Traverse die Trapeznocke mit ihren Schrägflächen die Zungen (a) auseinander, so daß sie vorbeigleiten kann. Ist die Nocke in der gestrichelten Lage angekommen, schnellen die Zungen unter dem Druck der Federn einwärts und lösen an der Stelle (e) einen elektrischen Kontakt aus, der den Hubvorgang beendet. Beim Einfahren der Presse vollzieht sich dieser Vorgang in umgekehrter Richtung. Hierbei ruht die Zugstange auf den Zungen der unteren Traverse, während die Zungen der oberen, abwärts fahrenden Traverse von den Schrägflächen der in ihren Bereich kommenden Nocke gespreizt werden.

Sind die Oberkanten der Zungen unter den Unterflächen der Nocke angekommen, werden sie von den Federn (d) einwärts gedrückt. Dabei lösen sie den Kontakt (e) aus, der nun das Einfahren der Presse beendet. Diese rhythmisch sich wiederholenden Vorgänge werden an einem zentralen Pult für alle Hubstellen gemeinsam gesteuert und überwacht. Mit dieser Steuereinrichtung lassen sich die Hubpressen auch einzeln betätigen.

Jede Presse hat ihre eigene Kolbenpumpe. Diese Pumpen werden jedoch in einem zentralen Aggregat von einer gemeinsamen Motorenwelle angetrieben und dadurch gezwungen, synchron zu arbeiten. Da alle Pumpen den gleichen Kolbendurchmesser haben, fördern sie in die ihnen zugeordneten Pressen die gleichen Ölmengen. Da auch deren Kolbendurchmesser untereinander gleich sind, muß sich die Decke in jedem Zeitpunkt an allen Stellen gleichmäßig erheben, so daß in ihr zusätzliche Biegespannungen ausgeschlossen sind. Sicherheitsventile an den Pressen unterbrechen automatisch den Hubvorgang, wenn die Ölzufuhr stocken sollte.

Die Hubstangen bestehen aus 3 m langen Einzelstücken. Als Verbindung dienen die an den Stoßstellen liegenden Trapeznocken. Ist eine Länge aus-

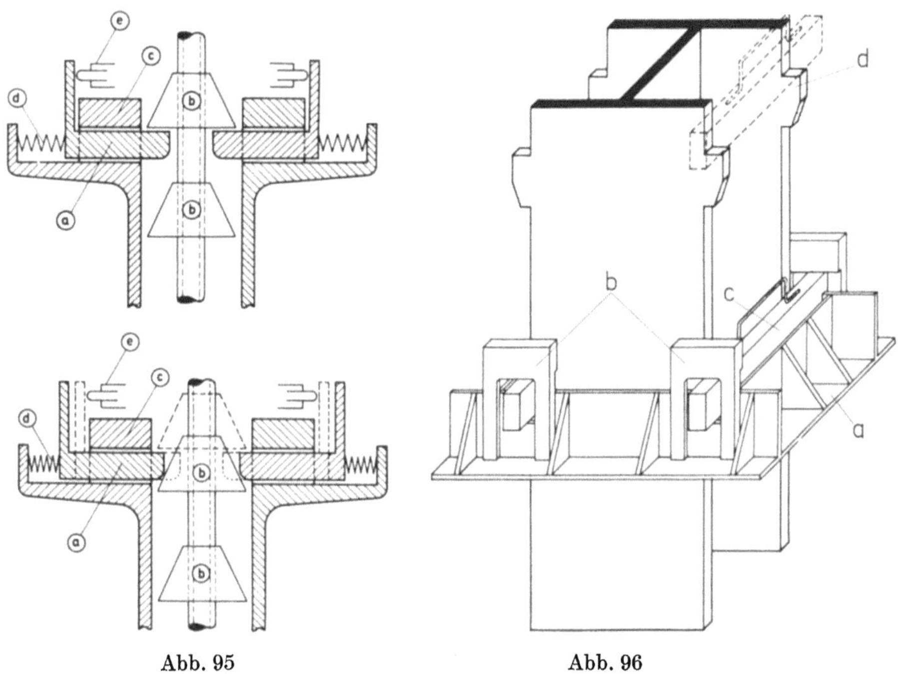

Abb. 95   Abb. 96

Abb. 95. Schematische Darstellung der Hubautomatik

Abb. 96. Die Befestigung der gehobenen Decken an den Stützen. *a* Stahlkragen, in der Decke einbetoniert. *b* Aufhängeschlaufen, mit dem Kragen verschweißt. *c* Stahlbarren, nach dem Heben der Decke von deren Oberkante aus eingezogen. Der Schlitz zwischen den Ösen der Schlaufen und den Oberkanten der Barren wird mit Justierkeilen (hier nicht dargestellt) ausgefüllt. *d* Knaggen, an den Stahlstützen zur Aufnahme der von den Barren übertragenen Kräfte

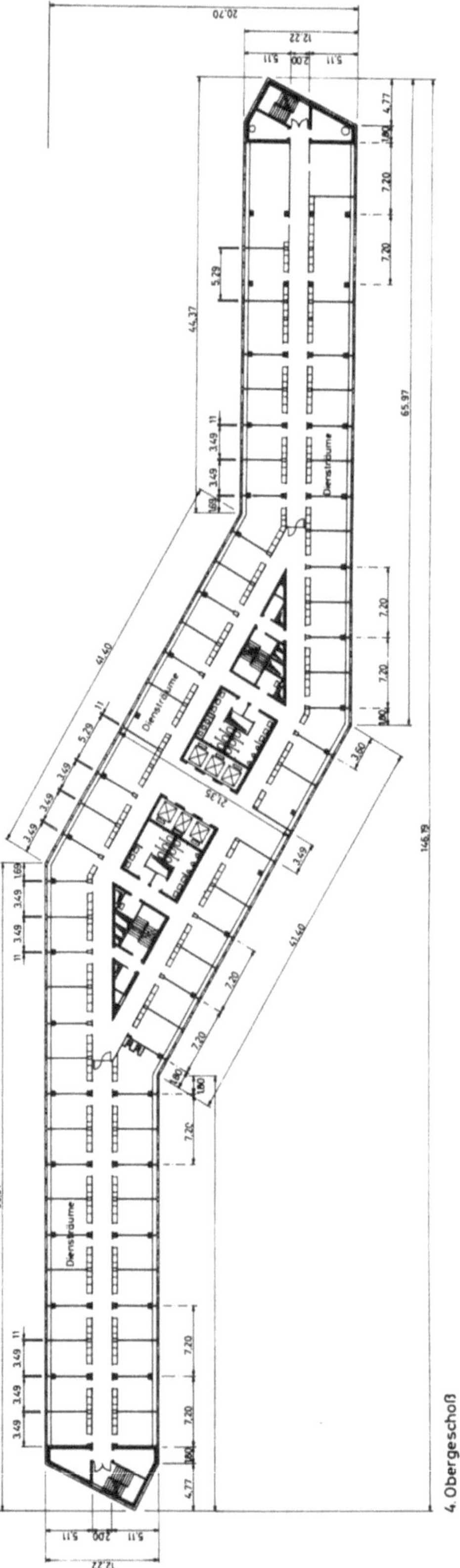

Abb. 97. Deckengrundriß des Verwaltungsgebäudes der Oberfinanzdirektion Münster / Westf.

gefahren, übernimmt ein Bockgerüst die Teilstücke (Abb. 94, S. 88). Nach dem Lösen der Stoßverbindung stellen Magazinwagen, die auf dem Riegel des Gerüstes laufen, die Stangen seitwärts ab. Nur die Längen der unmittelbar mit der zu hebenden Decke in Verbindung stehenden Stöße sind gestaffelt. Dadurch treffen die Stoßverbindungen an den einzelnen Hubstellen in regelmäßigen Zeitabständen ein, so daß sie von wenigen Monteuren fortlaufend bedient werden können und der Hubvorgang keine Unterbrechung erleidet. Die Decken erheben sich kontinuierlich in der Stunde um 4,60 m.

Der Anschluß der Decken an die Stützen

Die Verbindung der gehobenen Decken mit den Stützen muß sich rasch und zuverlässig ausführen lassen. Erleichtert werden diese Arbeiten, wenn die Monteure sie von der Oberseite der Decken aus vornehmen können. Mehrere Verfahren wurden hierfür entwickelt. Abb. 96, S. 89, zeigt schematisch das von der Hochtief AG angewandte Verfahren.

Rings um die Stützen sind Stahlkragen (a) aus Winkelprofilen in der Decke einbetoniert. Diese übertragen die Deckenlasten in den vier Ecken auf rahmenförmige Bügel (b). In die Ösen der Bügel werden nach dem genauen Ausrichten der Decke Stahlbarren (c) geführt, die die Lasten aus den Kragen übernehmen und in die Stützen leiten. Dazu tragen diese angeschweißte Auflagerkonsolen (d) (im oberen Teil des Bildes gesondert dargestellt). Zwischen den Oberkanten der Barren und den Unterkanten der Bügel besteht zunächst ein Spielraum zum unbehinderten Einschieben der Barren. Sind die Barren eingeführt, füllen flache Keile den Spielraum aus.

Da in allen übereinanderliegenden Kragen der gleiche lichte Raum freizuhalten ist, werden für hohe Bauwerke Stahlstützen bevorzugt, deren T-Profil sich durch innere Lamellen den von oben nach unten zunehmenden Lasten anpassen läßt. Bei Bauwerken bis zu 6 Geschossen ist es wirtschaftlich, Stützen aus vorgefertigtem Stahlbeton zu verwenden. Diese erhalten zur Aufnahme der Lasten aus dem Stahlbarren Konsolen, die durch Bolzen aus hochzugfestem Stahl mit den Stützen zusammengespannt werden.

3.1.2. Ein nach dem Hubdeckenverfahren ausgeführtes Bauwerk

Nach dem Hubdeckenverfahren wurden bereits in mehreren Ländern zahlreiche Bauwerke errichtet. Der Ablauf der Arbeiten sei am Beispiel des Verwaltungsgebäudes der Oberfinanzdirektion in Münster/Westfalen gezeigt. Die Grundrißabmessungen zeigt Abb. 97, S. 90.

Das Bauwerk ist 146 m lang. Der mittlere, 29 m breite Trakt, enthält den in einer Umsatzschalung betonierten Kern, in dem die Treppen und Aufzüge untergebracht sind. Die beiden anschließenden, 12 m breiten Trakte enden in vollwandigen, ebenfalls in Umsatzschalung hergestellten Baukörpern.

Abb. 98. Das Abziehen der Deckenoberfläche mit der Rüttelbohle

Abb. 99. Die Behandlung mit dem Schlepptuch erzeugte die Glätte, die die Untersicht der
nächsthöheren Decke kennzeichnete

Diese sowie der Kern steifen das Bauwerk gegen die waagerechten Kräfte aus. Mit 11 Geschossen erhebt sich das Bauwerk bis zu einer Höhe von 37 m.

Die planparallelen Geschoßdecken wurden auf der in Ortbeton hergestellten Kellerdecke übereinandergeschichtet betoniert. Den mit der Pumpe eingebrachten und mit Tauchrüttlern verdichteten Beton ebnete eine Rüttelbohle (Abb. 98, S. 92). Anschließend glättete ein Schlepptuch die Betonoberfläche (Abb. 99, S. 92). Die auf diese Weise erzielte Glätte teilte sich der Unterfläche der nächsthöheren Decke mit, so daß später außer einem Anstrich keine weitere Behandlung erforderlich war. Nachdem der Beton ausreichend erhärtet war, sprühte ein mit 4 Düsen versehenes Gerät das Trennmittel auf.

Zum Heben waren die Decken in 4 Abschnitte gegliedert. Jeder Abschnitt umfaßte 21 Hubstellen. Unmittelbar neben dem Kern arbeiteten die Hubgeräte auf Stahlkonsolen, die aus den Wänden vorkragten und später entfernt wurden.

Auch der Höhe nach wurden die Hubvorgänge in 3 Stufen gegliedert, da die für den Endzustand bemessenen Stahlstützen nur eine freie Knicklänge von 16 m gestatteten. So vollzogen sich die Hubarbeiten nach dem in Abb. 100, S. 94, dargestellten Schema, in dem die einzelnen Kolonnen sämtliche Hubstellen eines Deckenabschnittes vertreten. Im ersten Höhenabschnitt wurden die Decken zunächst mit Abständen von 1,20 m zwischengelagert. Bei diesen Abständen war es den auf niedrigen Rollwagen sitzenden Monteuren möglich, mit den vorhin beschriebenen Mitteln die Decken in kurzer Zeit von oben festzusetzen. Hierauf wurden die Stützen des zweiten Höhenabschnittes montiert und die Hubgeräte umgesetzt. Dabei diente die oberste Decke als Arbeitsbühne. In der nun folgenden Etappe wurden die oberen 6 Decken nochmals zwischengelagert, während die unteren bereits ihre endgültige Lage einnahmen. Die dritte Stufe brachte auch die letzten Decken auf die für sie bestimmte Höhenlage.

In der zentralen Steueranlage (Abb. 101, S. 95) konnte der Ingenieur von seinem Sitz aus das Pult bedienen und zugleich die Manometer des in unmittelbarer Nähe stehenden Pumpenaggregates (Abb. 102, S. 95) überwachen. Abb. 103, S. 96, zeigt verschiedene Stadien der Ausführung. Links sind alle Decken im ersten Höhenabschnitt zwischengelagert und die Stützen des zweiten Stoßes montiert. In der Hälfte des Mitteltraktes sind die höheren Decken zwischengelagert, während bereits zwei der unteren Decken ihre endgültige Lage einnehmen. Die Decken der letzten beiden Abschnitte lagern noch in ihren Stapeln, überragt von den Stützenstößen, die bereits vor der Herstellung der untersten Decke errichtet wurden. An der zweiten Hälfte des Kernes sind die Betonarbeiten noch im Gang. Diese Arbeiten überschnitten sich nach dem Zeitplan mit dem Heben der Decken, wodurch die gesamte Bauzeit verkürzt wurde.

Besonders bei diesem Bauwerk erwiesen sich die Vorteile der Vorfertigung.

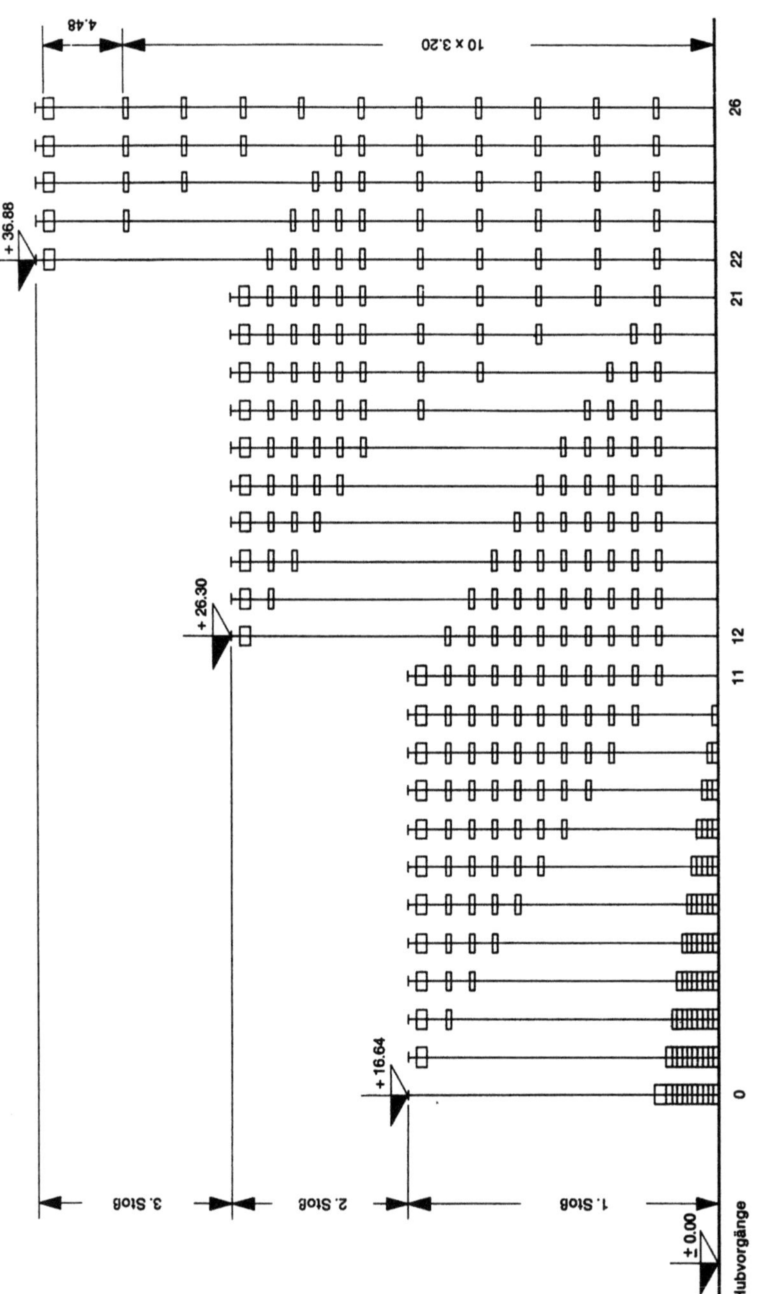

Abb. 100. Schema der nach 3 Höhenabschnitten gestaffelten Hubvorgänge

Abb. 101. Das Schaltpult der Hubvorrichtung

Abb. 102. Die zentrale Pumpenanlage

Abb. 103. Verschiedene Stadien der Hubarbeiten

Die Decken der 4 Abschnitte konnten in Geländehöhe nach einem rationellen Taktverfahren hergestellt werden. Für den Einbruch des Winterwetters war vorgesehen, die Werkplätze zu überdachen und nach außen abzuschließen, so daß man die Arbeiten im Bedarfsfall in geschlossenen Räumen hätte ausführen können. Die Stützen wurden in einem Stahlwerk vorgefertigt. Da die Decken unmittelbar unter ihrer Verwendungsstelle übereinandergeschichtet hergestellt wurden, entfielen die Transportkosten, und das großflächig vorgenommene Heben ersparte den Einbau vieler Einzelteile. Statisch wirken die Decken in senkrechter und waagerechter Richtung als einheitliche, monolithische Tragwerke.

Die Hubarbeiten fielen in die Monate Januar bis März. In 11 Wochen wurden die Decken mit einer Gesamtfläche von 22.000 m² einschließlich der Stützen eingebaut. So wurde die Bauzeit gegenüber dem ursprünglich vorgesehenen konventionellen Verfahren um 5 Monate verkürzt [27].

3.2. Die Anwendung des Hubverfahrens beim Bau von Wassertürmen

Es ist wirtschaftlich vorteilhaft, schwere Bauteile in Geländehöhe vorzufertigen und zu heben, selbst wenn es sich um einen einzelnen Baukörper handelt, weil auch hier die Kosten und Schwierigkeiten des Einrüstens und Arbeitens in großer Höhe fortfallen.

Wasserturm in Bad Hersfeld

Beim Bau eines Wasserturmes in Bad Hersfeld war auf dem Kopf einer 41 m hohen Schaftröhre eine kreisförmige Stahlbetonplatte zur Aufnahme des stählernen, 800 m³ Wasser fassenden Behälters herzustellen. Die Schaftröhre hat einen äußeren Durchmesser von 2,8 m und eine Wanddicke von 20 cm. Die Tragplatte hat einen Durchmesser von 10,58 m. Sie ist am Außenrand 55 cm und am Ansatz des Schaftes 80 cm dick.

Der Schaft wurde im Gleitschalungsverfahren ausgeführt. Während dieser Arbeiten wurde unmittelbar über dem Fundament die zu hebende Stahlbetonplatte hergestellt. Sie war von der Außenfläche des Schaftes durch einen 5 cm breiten Schlitz getrennt und mit einbetonierten Ankerplatten zum Anfassen der Hubstangen versehen.

Auf dem Kopf der Schaftröhre arbeiteten vier Hubgeräte des Verfahrens Hochtief, unterstützt von einem Rost aus Stahlträgern (Abb. 104). Das zu hebende Gewicht der Platte betrug 116 Mp. Zwischen den Unterkanten des Trägerrostes und der Oberkante der Schaftröhre hielten vier kurze Stahl-

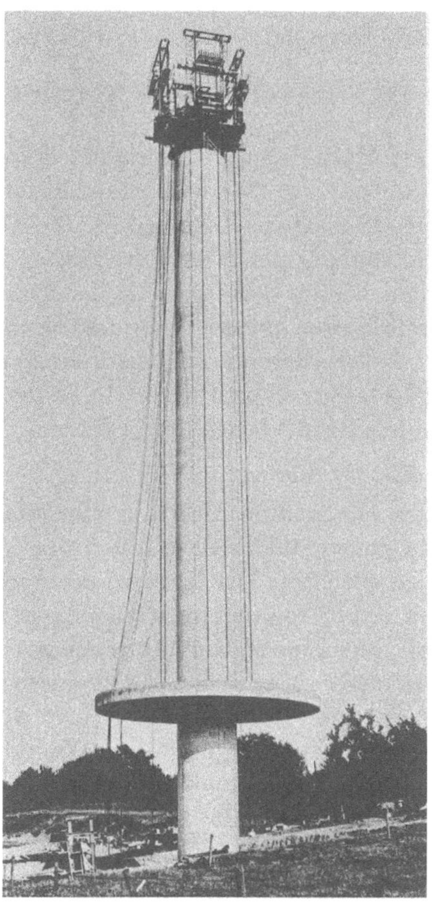

Abb. 104. Wasserturm bei Bad Hersfeld. Die auf dem Fundament vorgefertigte Tragplatte des Behälters wird auf den Kopf des Schaftes gezogen

7 Vaessen, Bauen

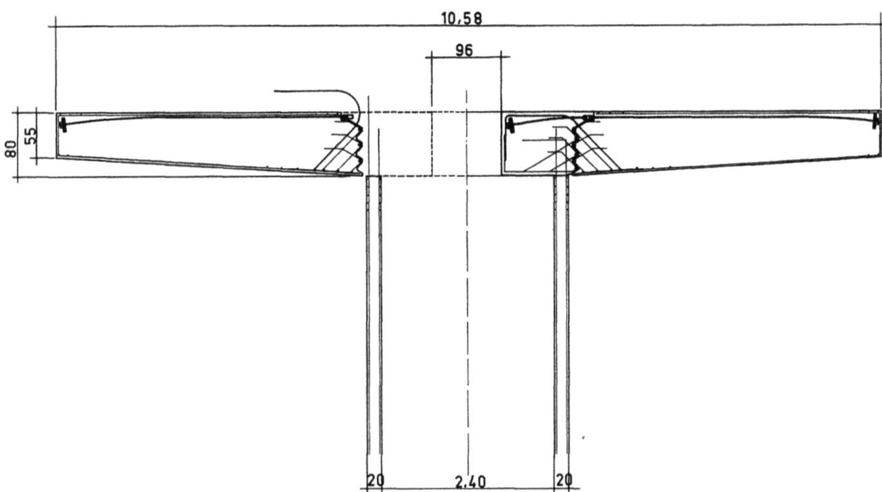

Abb. 105. Anschluß der gehobenen Tragplatte an die Ringwand des Schaftes

stützen den Raum für den in Abb. 105 dargestellten Anschluß der Stahlbetonplatte frei.

In der endgültigen Höhe lag die Unterkante der Platte mit der Oberkante der Schaftröhre bündig. Oberhalb dieser Kante setzt Ortbeton die nach außen vorkragende Platte nach innen fort. Die Anschlußstähle wurden teilweise bei der Herstellung der Platte am Boden vorgesehen und nach außen zurückgebogen. Die an der Oberseite der Platte liegenden radialen Tragstäbe wurden mit Muffen angeschlossen und an ihren Enden mit Stahlplatten verankert. Außer den im Auflagerbereich der Stahlbetonplatte einbetonierten Schrägstählen sichern bewehrte Zähne den schubfesten Anschluß an den über dem Schaft liegenden Ortbeton.

Wasserturm der Universität Marburg

Beim Neubau der Hochschulinstitute in Marburg war ein 45 m hoch über dem Gelände liegender stählerner Wasserbehälter für ein Fassungsvermögen von 1000 m³ zu errichten. Der Entwurf des Architekten sah vor, daß die Behälterlast von einer Stahlbetonplatte getragen wird, die sich zentral auf einen Schornstein mit dem äußeren Durchmesser von 6,20 m abstützt. Die Schornsteinröhre mußte über dem Gelände durch vier 12,5 m hohe und 2,5 m breite Öffnungen unterbrochen werden (Abb. 106, S. 99). Der hierbei übrigbleibende Querschnitt reichte mit einer Wanddicke von 55 cm nicht aus, um zu der Last des Schornsteins und des Wasserbehälters auch die Beanspruchung durch die Windkräfte aufzunehmen. So war es erforderlich, außen noch sechs Einzelstützen mit den Querschnittsabmessungen 1,80 m/ 1,00 m anzuordnen.

Die Tragplatte unter dem Behälter hat einen äußeren Durchmesser von 18 m. Sie ist 50 cm dick und trägt am Rand eine 1 m hohe Aufkantung. Mit

den Köpfen der Stützen ist sie biegefest verbunden. 15 m hoch über dem
Gelände liegt eine zweite Stahlbetonplatte mit einem Außendurchmesser
von ebenfalls 18 m und einer Dicke von 35 cm. Diese beiden Platten, der
Schornsteinschaft und die sechs äußeren Stützen wirken beim Angriff von
Horizontalkräften zusammen als räumliches Tragwerk.

Der Schornsteinschaft wurde gemeinsam mit den Außenstützen im Gleit-
schalungsverfahren ausgeführt. Gleichzeitig wurden unmittelbar über dem
Fundament die beiden Platten übereinandergeschichtet betoniert. Sechs
Hubgeräte des Verfahrens Hochtief zogen die Platten in die vorgesehene
Höhe. Dabei stützten sich die Geräte auf Stahlträger ab, die die Schorn-
steinröhre in verschiedenen Höhen durchquerten und nach außen vorkragten
(Abb. 107, S. 100). Zunächst wurde die obere Platte bis über den späteren
Höhenbereich der unteren Platte gezogen und dort zwischengelagert.

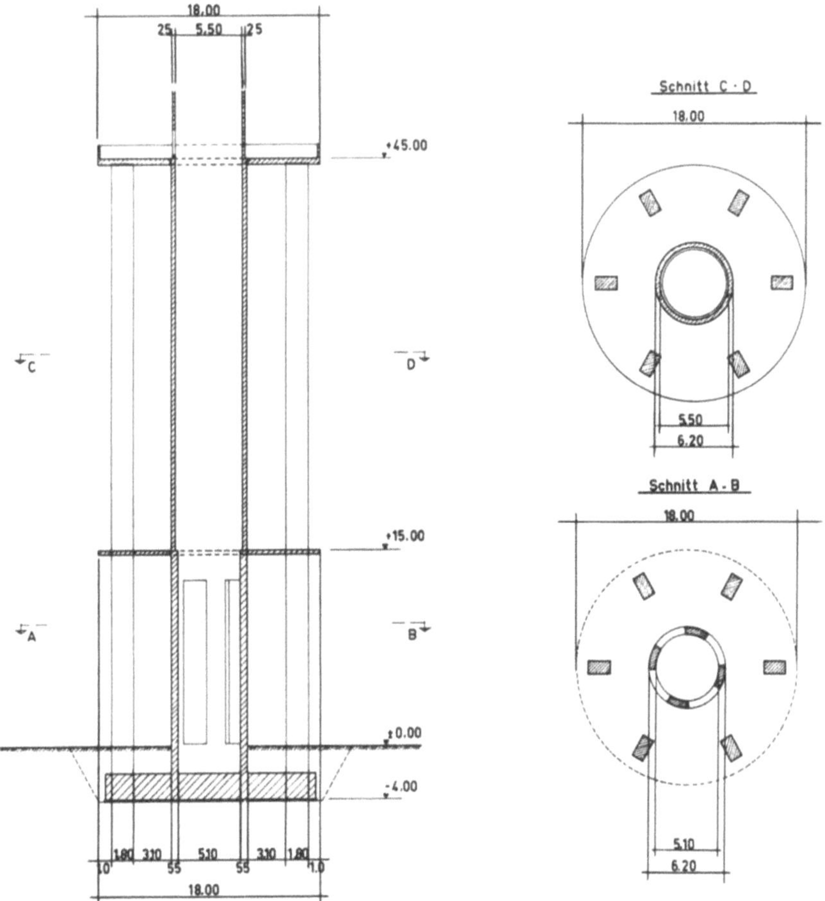

Abb. 106. Vertikalschnitt und Grundriß der Stahlbetonkonstruktion des Wasserturmes der
Universität Marburg

7*

Abb. 107. Die Hubgeräte ziehen die Tragplatte des Behälters auf die endgültige Höhe

Während dieses Arbeitsganges steifte die Gleitschalungsbühne die Außenstützen an ihren Köpfen gegen den Schornsteinschaft aus. Hierauf wurde die untere Platte in ihre endgültige Höhe gehoben und dort verankert. Während nun die obere Platte weiter hochgefahren wurde, diente die untere zur Aussteifung des Stützensystems. In diesem dritten Arbeitsgang konnte die Bühne entfernt und die auf die volle Höhe gebrachte Tragplatte verankert werden.

Die Verankerung der Platten am Schornsteinschaft zeigt Abb. 108. Stahlbarren a wurden, mit geringem Spielraum von einem Kasten b aus Stahlblech umschlossen, in den Platten einbetoniert. Die Köpfe der Barren

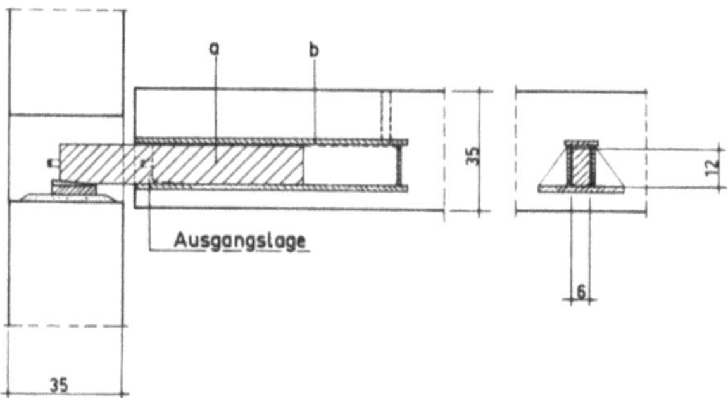

Abb. 108. Anschluß der Tragplatte an den Schornsteinschaft. Die in stählernen Schächten b frei verschieblichen Barren a werden in die Öffnungen der Schaftröhre gezogen

lagen zunächst bündig mit dem Innenrand der Platten, so daß diese beim Heben frei entlang der Außenfläche des Schornsteinschaftes gleiten konnten. Waren die Platten in ihrer Höhenlage angekommen, wurden die Barren in die nun gegenüberliegende Aussparung der Schornsteinwand gezogen und durch einen Stahlkeil an die Auflagerplatte angeschlossen, so daß sie die Auflagerkräfte aus den Platten übertragen. Dabei sind die Barren in die Platten eingespannt. Die hierdurch entstehenden Biege- und Torsionsmomente nimmt eine entsprechende Bewehrung auf. In ähnlicher Weise sind die Platten an den Außenstützen verankert.

Wasserturm Sisseln

Bei den beiden vorher beschriebenen Beispielen wurden nur die Stahlbetontragplatten am Boden vorgefertigt, da die Behälter selbst aus terminlichen Gründen in Stahl auszuführen waren. Es ist jedoch vorteilhaft, die Behälter geschlossen in Geländehöhe herzustellen und zu heben. Dieses Verfahren wandte man an beim Bau des Wasserturmes der Roche Sisseln AG in Sisseln (Schweiz). Über die Konstruktion, die Statik und die Ausführung dieses Bauwerkes ist ausführlich in [28] berichtet. Hier sei das Wesentliche beschrieben.

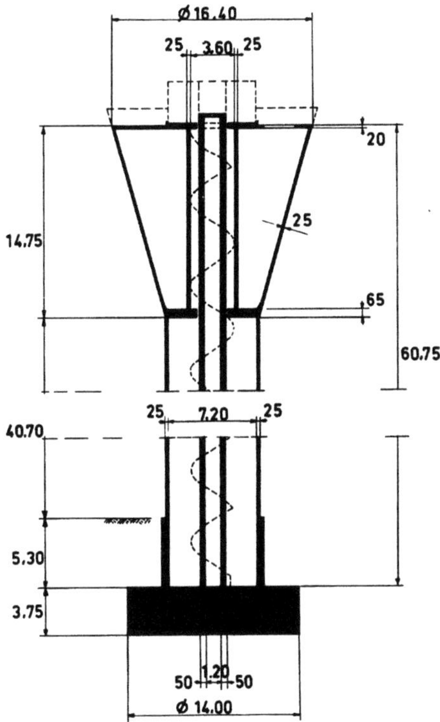

Abb. 109. Vertikalschnitt durch den Wasserturm in Sisseln (Schweiz)

Einen Schnitt durch die Stahlbetonkonstruktion zeigt Abb. 109. Die kegelförmigen, 25 cm dicken Außenwände des 1100 m³ fassenden Behälters haben am Behälterboden einen lichten Durchmesser von 7,20 m, der sich bis zum Deckel auf 15,90 m erweitert. Innen schließt eine 25 cm dicke Zylinderwand mit einem lichten Durchmesser von 3,60 m den Füllraum gegen den Treppenaufgang und die Aufzugsröhre ab. Der Behälterboden ist 65 cm und der Deckel 20 cm dick.

Die Aufzugsröhre reicht mit gleichbleibendem Querschnitt vom Fundament bis zum Behälterdeckel. Sie hat einen lichten Durchmesser von 1,20 m und eine Wanddicke von 50 cm. An ihrer Außenfläche trägt sie eine Wendeltreppe. Unterhalb des Behälters schließt ein Stahlbetonzylinder mit einem inneren Durchmesser von 7,20 m und einer Wanddicke von 25 cm den Raum der Wasserrohre nach außen ab.

Der Behälter wurde in Bodennähe hergestellt, und zwar wurden die Kegelschalen im Spritzverfahren und die inneren Zylinderwände in Gleitschalung betoniert. Die Kegelschale ist in Ringrichtung und in Richtung der Erzeugenden vorgespannt. Im Gleitschalungsverfahren wurden auch die Aufzugsröhre und die unter dem Behälter liegende Außenwand hergestellt. Während jedoch hierbei die innere Röhre in einem Zuge ihre volle Höhe erreichte, mußte sich die Gleitschalung der äußeren Röhre dem Hubvorgang des Behälters anpassen.

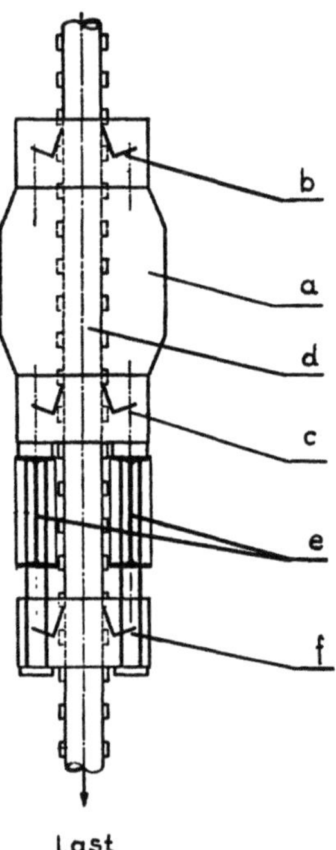

Abb. 110. Schema des Hubgerätes der Hebag

Zum Heben diente das Verfahren Wälli der Firma Hebag. Das Gerät ist in Abb. 110 schematisch dargestellt. Es besteht aus einer Druckpresse *a*, die auf einem Trägerpaar *e* stehend zwischen zwei mit Klinken versehenen Kästen *b* und *c* arbeitet. Die Klinken fassen unter die Nocken einer durch das Gerät führenden Zugstange *d*. Beim Ausfahren der Presse ruht die Stange mit ihrer Last auf den Klinken des oberen Kastens, während im unteren Kasten die Nocken an den Klinken vorüberstreichen und sich erst beim Einfahren der Presse festsetzen. Ist die Stange ausgefahren, wird sie von einem dritten, unter den Trägern hängenden Klinkenkasten *f* in ihrer Lage gehalten. Während sie also feststeht, kann nun die Presse mit Hilfe der beiden oberen Klinkenkästen in eine höhere Lage klettern und dort mit Trägern unterfangen werden, so daß die vorher verwendeten Träger zur Wiederverwendung ausgebaut werden können.

Nach Maßgabe der Stangenlänge war der gesamte Hubvorgang in Stufen unterteilt. Acht Hubgeräte hatten eine gesamte Last von 715 Mp zu fördern. Die Geräte waren gleichmäßig über den Umfang der Aufzugsröhre verteilt, nahmen jedoch in der jeweiligen Arbeitslage verschiedene Höhen ein, da die unterstützenden, durch die Röhre gesteckten Trägerpaare sich nicht durchdringen konnten. Die mit Nocken versehenen Zugstangen reichten hinab

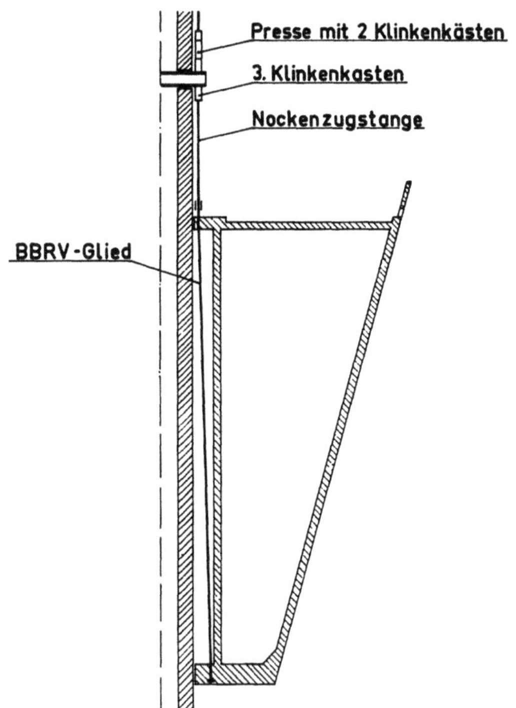

Abb. 111. Wasserturm Sisseln. Vorrichtung zum Heben des in Geländehöhe hergestellten Behälters

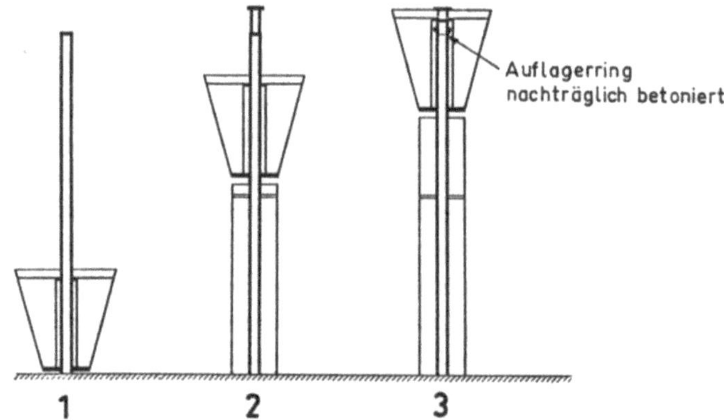

Abb. 112. Drei Zustände während des Hebens: *1* Ausgangslage. *2* Aussteifung der Tragröhre gegen den in Gleitschalung nachgezogenen äußeren Mantel, Aufbau eines Stahlgerüstes auf dem Kopf der Tragröhre. *3* Der Behälter ist zum Betonieren des Auflagerringes mit Hilfe des Stahlgerüstes über die Endlage hinausgezogen

bis zum Behälterdeckel (Abb. 111, S. 103). Von dort aus wurden sie bis zum Behälterboden durch Spannkabel BBRV fortgesetzt, die in dem vorkragenden Teil der Bodenplatte verankert waren. Während des Hebens wurde die äußere Röhre nachgezogen. Abb. 112 zeigt verschiedene Phasen des Hubvorganges. Die Stellung *1* ist die Ausgangslage. Als der Behälter in der Stellung *2* angekommen und die Gleitschalung bis dorthin nachgezogen

Abb. 113 a

Abb. 113 a—c. Bilder vom Heben des Behälters Sisseln

worden war, konnte die Tragröhre gegen den äußeren Mantel ausgesteift werden. Gleichzeitig erhielt der Kopf der Röhre ein Stahlgerüst, mit dem der Behälter zum Betonieren des Auflagerringes über die Endlage hinaus in die Stellung *3* gehoben wurde. Sorgfältig setzte man den Behälter auf diesen Auflagerring und gleichzeitig auf den äußeren Mantel ab. Als Zwischenlage dienten Neoprenepolster, die über dem Mantel mit einem noch weichen Mörtel unterfüllt waren, so daß an beiden Stellen ein gleichmäßiger Anschluß gesichert ist.

Die Abb. 113 a—c, vermitteln einen Eindruck von der kühnen Montage. Sorgfältig waren die in der Gegend des Baugeländes herrschenden Windverhältnisse studiert worden. Der Spannungsermittlung des Schaftes lag die höchste von der Wetterstation des nahen Flughafens Kloten in 5 Jahren gemessene Windgeschwindigkeit zugrunde. Trotzdem hatte man zur Sicherheit Abspannseile vorgesehen, die bei Sturmmeldung in Betonfundamenten verankert werden sollten. Diese Maßnahme war jedoch in der kurzen Montagezeit nicht erforderlich. Der Behälter erhob sich mit einer mittleren Geschwindigkeit von 3,20 m/Tag, die sich zeitweise auf 5,5 m/Tag steigerte. Die gesamte Hubhöhe betrug rund 41 m.

Projekt und Bauleitung lagen in Händen der Preiswerk & Cie. AG, Ingenieure ETH/SIA, Basel.

Abb. 113 b

Abb. 113 c

3.3. Hallendächer in Geländehöhe betoniert und gehoben

3.3.1. Das Kuppeldach einer Konzerthalle

In verschiedenen Fällen wurden Hallendächer großflächig am Boden in
einem Guß hergestellt und auf vorgefertigte Stützen gehoben. Ein bemerkenswertes Beispiel bietet die Ausführung der in Abb. 114 wieder-
gegebenen Konzerthalle in Salt Lake City (USA) [29].

Die Kuppel dieses Bauwerkes hat an der Traufe einen Durchmesser von
61 m. Sie ruht auf 37 Stützen, die 10 m hoch über dem Flur den Auflagerring
abfangen. Als Schalung diente ein Erdhügel, dessen Material zum Teil von
den Geländearbeiten zur Verfügung stand. Die Oberfläche dieses Schalungs-
hügels wurde dem Radius der Kuppel entsprechend genau abgeglichen und
mit einer PVC-Folie überdeckt. Auf dieser verlegte man $2\frac{1}{2}$ cm dicke
Schaumstoffplatten, die zunächst den Stahlbetonarbeiten einen genügend
festen Untergrund gaben (Abb. 115, S. 107). Diese Platten griffen jedoch mit
Pratzen in den Frischbeton und dienen im fertigen Zustand der Wärmeisolierung.

Die Hubgeräte arbeiteten auf den Stützenköpfen stehend (Abb. 116,
S. 107). Sie zogen die gesamte Kuppelschale zunächst nur 2 m empor. In dieser
Lage konnten die Installationen und der Putz bequem unter der Kuppelfläche
angebracht werden. Hierauf fuhren die Pressen die Schale auf die volle Höhe,
so daß die Bagger den Formhügel entfernen und das Material bei der Gestaltung des Geländes einbauen konnten.

Abb. 114. Die Konzerthalle in Salt Lake City

Abb. 115. Das Betonieren der Kuppel über einer Erdform

Abb. 116. Die Hubgeräte sind auf den vorgefertigten Stützen montiert

Der Aufbau und die Beseitigung des Formhügels, das Ringfundament aus Stahlbeton, die vorgefertigten Stützen und die Stahlbetonkonstruktion der 61 m weit gespannten Kuppel kosteten US-Dollar 37/m².

Abb. 117 zeigt das hierbei angewandte Youth-Slick-Gerät. Dieses Gerät wird auch in europäischen Ländern vielfach benutzt, vor allem bei der Durchführung des Hubdeckenverfahrens. Die hydraulische Presse arbeitet zwischen zwei Zugstangen, die auf ihrer ganzen Länge ein Schraubengewinde tragen. Die Stangen stützen sich beim Ausfahren der Presse mit Muttern auf die vom Pressenkolben getragene Traverse ab, und beim Einfahren ruhen sie, ebenfalls durch Muttern gehalten, auf der Grundplatte unter der Presse. Der Pressenkolben hebt und senkt sich rhythmisch um 1″. Während bei der Aufwärtsbewegung die oberen Muttern die Last tragen, stellt ein

Abb. 117. Das Youth-Slick-Hubgerät

automatisch gesteuertes Kettengetriebe die unteren, in diesem Arbeitsgang lastfreien Muttern nach. Das gleiche wiederholt sich mit vertauschten Rollen beim Einfahren der Presse: die unteren Muttern tragen die Last und die oberen stellt das Kettengetriebe nach.

3.3.2. Das Stahlbetonfaltwerk eines Kirchendaches

Das Dach der Kirche St. Bonifatius in Gelsenkirchen-Erle ist ein Flächentragwerk aus Stahlbeton. Über der Längsachse des Bauwerkes erhebt sich eine Flucht von 5 sechseckigen Pyramiden. An diese schließen sich zu beiden

Abb. 118. Kirche St. Bonifatius in Gelsenkirchen-Erle. Modell des Faltdaches

Seiten je 4 auf ihren Spitzen stehende Pyramiden mit den gleichen Maßverhältnissen an (s. Modell auf Abb. 118). Die an den Übergängen zwischen den mittleren und den seitlichen Kuppeln zusammenstoßenden Dreieckflächen liegen in den gleichen Ebenen und ergänzen sich zu Rhomben. Mitten durch die seitlichen, nach oben sich öffnenden Kuppeln führen senkrecht stehende Zwickelscheiben, auf denen ein Holzdach zur Ableitung des Regenwassers liegt.

Das Dach wird getragen von 8 sechseckigen Stützen, die unter den Spitzen der seitlichen Pyramiden ansetzen und bis zum Fußboden 8,0 m messen. Abb. 119, S. 110, zeigt das Bauwerk in einem Grundriß und einem Querschnitt.

Das Dach wurde in Geländehöhe aus einem Guß hergestellt. Dabei bot die 74fache Wiederholung der gleichen Dreieckflächen die Möglichkeit, die Schalung rationell anzufertigen. Auch die Stützen wurden auf der Baustelle in Stahlbeton vorgefertigt. Nach deren Einbau wurde das Dach auf seine endgültige Höhe gehoben. Abb. 120, S. 111, zeigt den Zustand des um 1 m von der Schalung abgehobenen Baukörpers.

Zum Heben diente das Hebag-Verfahren in einer Abwandlung der im vorigen Abschnitt beschriebenen Art. Auf der einen Seite jeder Stütze stand ein auf dem Fundament ruhender, mit Nocken versehener Mast. Gegenüber war der von einer hydraulischen Presse aufwärts und abwärts bewegte Hubmast angeordnet (Abb. 121, S. 111). Oberhalb des Daches betätigten sich die Klinkenkästen, auf die die Last durch Stahlträger übertragen wurde (Abb.122, S. 112). So ruhte das Dach beim Ausfahren der Pressen auf den Hubmasten und beim Einfahren auf den Standmasten. An einem zentralen Steuerpult überwachte ein Monteur die in den einzelnen Pressen auftretenden Drücke, und außerdem wurde mit einem oberhalb des Daches aufgestellten Schlauchwaagensystem festgestellt, daß sich das gesamte Faltwerk an allen Stellen gleichmäßig hob.

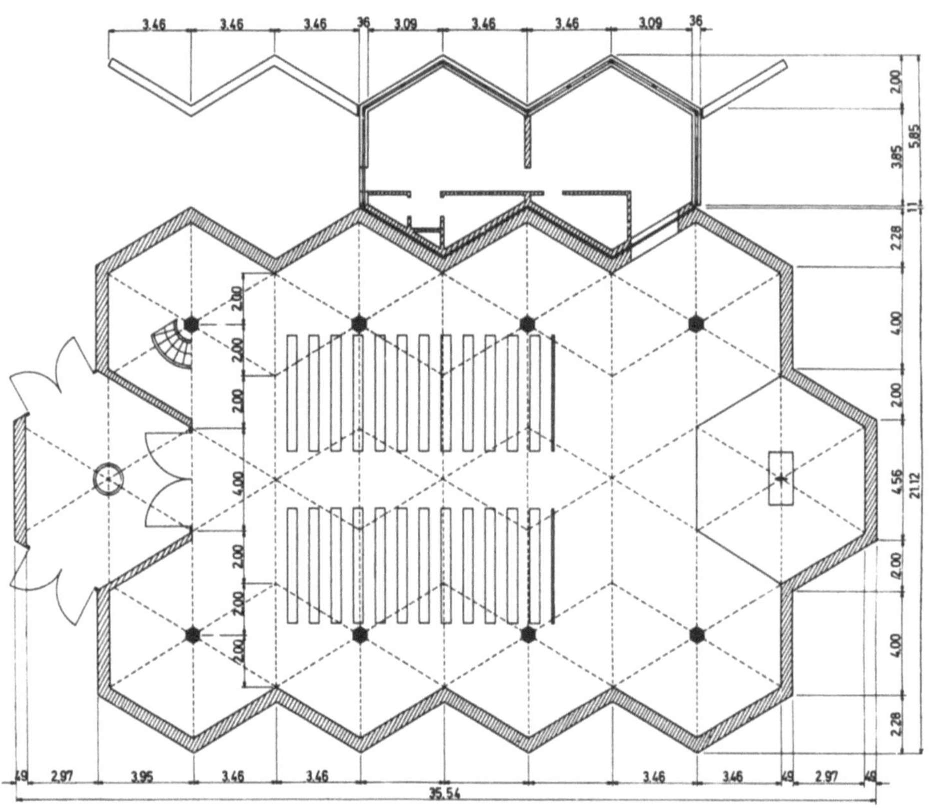

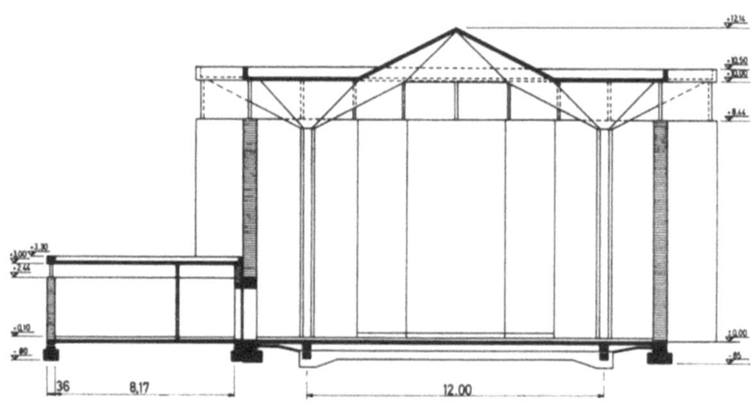

Abb. 119. Grundriß und Querschnitt der Kirche

Abb. 120. Das auf dem Boden hergestellte Faltwerk wird auf die vorgefertigten Stützen gehoben

Abb. 121. Hubmast und Standmast des Hebag-Verfahrens

Abb. 122. Ein Klinkenkasten, an dem, durch Stahlträger übermittelt, der in diesem Bereich
anfallende Teil der Dachlast hängt

Abb. 123. Innenansicht der Kirche St. Bonifatius

Die Abb. 123 zeigt eine Innenansicht der Kirche. Nur auf den Stützen ruhend, ist das Dach von den Außenwänden vollständig getrennt und ermöglicht so über diesen ein durchgehendes Fensterband [30, 31].

3.4. Bauwerkteile großräumig vorgefertigt und waagerecht zur Verwendungsstelle gefahren

Bei beengten Baustellenverhältnissen ist es zweckmäßig, die Flachbauten am Ende der Baustelle in Teilstücken, vorzugsweise auf die Länge eines Binderabstandes, vorzufertigen und diese Baukörper einzeln zur Verwendungsstelle zu fahren. Die Methode entspricht der Hubdeckenbauweise, bei der die großräumigen Bauteile ebenfalls an der gleichen Stelle vorgefertigt, aber dann in senkrechter Richtung verfahren werden. Ist ein Abschnitt fertiggestellt, wird er zur Einbaustelle gezogen, wobei der Werkplatz zur Herstellung des nächsten Abschnittes frei wird. So hat auch diese Baumethode den Vorteil des Arbeitens mit ortsfest installierten Einrichtungen.

Besonders vorteilhaft erwies sich das Verfahren beim Bau der Überdachung eines Klinkerlagers der Heidelberger Zementwerke AG in Lengfurt. Das Lager ist 50 m breit und 120 m lang. Die schrägen Bodenflächen stoßen in einer Tiefe von 20 m zusammen. Die Breite von 50 m war mit einer freitragenden Konstruktion zu überspannen, die über der oberen Begrenzung der Bodenflächen noch einen 15 m hohen, sattelförmigen Raum zum Anschütten des Füllgutes frei läßt. Das Klinkerlager mußte während der Bauzeit voll im Betrieb bleiben.

Nach der Ausschreibung sollten die Haupttragwerke aus vorgefertigten Dreigelenkbögen bestehen, und es war vorgesehen, diese von den beiden Längsseiten aus zu montieren. Dort war jedoch für die Krane wenig Platz. Die größte Schwierigkeit machte die Forderung, daß der Betrieb der Anlage nicht durch die Bauarbeiten beeinträchtigt werden durfte. Da die Schütthöhe des lockeren Klinkermaterials an den einzelnen Stellen verschieden war und sich laufend während der Bauzeit änderte, war es nicht möglich, zur Montage der Fertigteile Hilfsgerüste zu verwenden, die insbesondere das Aufstellen der Dreigelenkbinder sehr erleichtert hätten.

Zunächst möge der in Abb. 124, S. 114, dargestellte Schnitt durch die Halle einen Überblick über die Konstruktion geben. Die Dreigelenkbögen aus Bn 550 haben zwischen den Kämpfern eine Spannweite von 49,0 m. Die Pfeilhöhe beträgt 15,52 m. Damit messen die Sehnen der Bogenhälften zwischen den Gelenken 29 m. Die Querschnitte sind 95 cm hoch und 40 cm breit, die Achsabstände der Bögen betragen 10,5 m. Zur Aufnahme der in Abständen von 1,30 m senkrecht stehend angeordneten, vorgefertigten Pfetten sind die oberen Flächen der Bögen mit Auflagerkonsolen versehen. Den Pfettenabstand bestimmten die als Dachhaut dienenden Fulguritplatten.

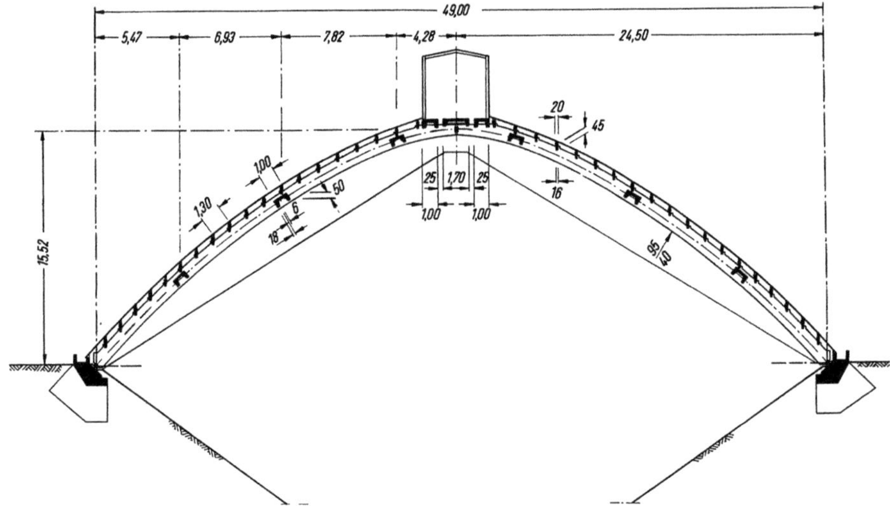

Abb. 124. Klinkerhalle der Zementwerke Lengfurt. Querschnitt durch die Stahlbetonkonstruktion

Im Scheitelbereich tragen vorgefertigte Platten U-förmigen Querschnittes
die Beschickungseinrichtungen.

Nach einem Vorschlag des Verfassers wurde das im folgenden beschriebene
Verfahren zur Ausführung gewählt (Abb. 125). Am Ende der zu errichtenden Halle stand, den Bereich eines Binderabstandes erfassend, ein
stationäres Montagegerüst. Auf dieses setzte der vor Kopf der Halle aufge-
stellte Kran die Teilstücke zweier benachbarter Dreigelenkbögen ab. Die
Bogenhälften ruhten zunächst im Scheitel und an den Kämpfern auf Spindeln. Nach dem Ausrichten wurden die Kämpfer mit den senkrecht auf

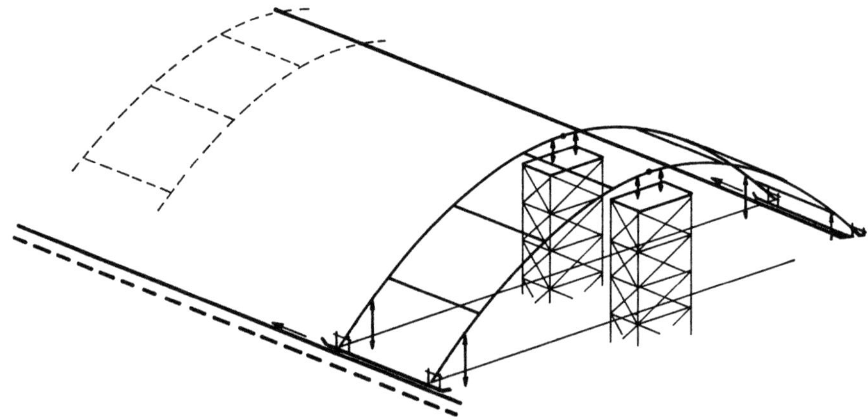

Abb. 125. Schema des Zusammenbaues und des Verschiebens eines aus 2 Bogenbindern und
6 Versteifungsträgern bestehenden Stuhles

Schlitten stehenden Backen durch vorgespannte Bolzen und miteinander durch provisorische Zugbänder verbunden. Gleichzeitig verlegte der Kran die sechs das Bogenpaar verbindenden Riegel. Die hierauf eingefädelte und vorgespannte Bewehrung schloß die Bögen und die Riegel zu einem räumlichen, gegen den Angriff waagerechter Kräfte standsicheren Tragwerk zusammen. Beim Ablassen der Spindelböcke spannten sich die Zugbänder, so daß das räumliche System auf den Kufen der Schlitten gleitend zur Verwendungsstelle gezogen werden konnte. Diese Arbeit verrichteten die am anderen Ende des Bauwerkes installierten Pressen des Hubdeckenverfahrens Hochtief, hier mit den in Abschnitt 3.1.1 beschriebenen Einrichtungen horizontal wirkend.

Die Bogenhälften wurden unmittelbar vor Kopf der Klinkergrube in vier Stapeln zu je sechs Stücken übereinandergeschichtet betoniert, in der Luft gedreht und auf das stationäre Montagegerüst gelegt. Über das Betonieren dieser Fertigteile ist im Abschnitt 2.1.2 mit Abb. 36, S. 35, berichtet, und Abschnitt 2.1.3 enthält mit den Abb. 39 bis 46, S. 38 bis 41, eine Beschreibung des Drehens der Bogenhälften. Die Abb. 126 a — c zeigen die Fertigstellung eines Bogenpaares über dem Montagegerüst. Die sechs Verbindungsriegel haben U-förmigen Querschnitt, da sie besonders beim Verfahren sowohl in Richtung der Bogenachse als auch senkrecht dazu biegesteif sein mußten. Ihre aussteifende Wirkung dient ebenfalls im Endzustand zur Sicherung der Standfestigkeit des Bauwerkes gegen Horizontalkräfte. Den raschen

Abb. 126 a. Ein Versteifungsträger wird eingebaut

Abb. 126 b. Aufstellgerät in der Nähe des Bogenscheitels

Abb. 126 c. Aufstellgerät am Bogenkämpfer

Abb. 127. Der Verschubschlitten

Abb. 128. Ein Bogenstuhl auf der Fahrt, im Hintergrund zwei Bogenpaare in der Endstellung

Einbau der Verbindungsriegel ermöglichte die in Abb. 129 gezeigte Vorrichtung. Die Stahlwinkel ersetzen die in Abschnitt 1.3.1.1 erwähnten Montagestühle, die sich hier wegen der Breite der zu montierenden Stücke nicht verwenden ließen. Die Winkel waren durch vorgespannte Bolzen mit dem Bogen fest verbunden. Langlöcher verhinderten Schwierigkeiten beim Anpassen der Bolzen an nicht genau sitzende Kanäle. Auch diese Montagewinkel hatten, wie die früher beschriebenen Stühle, in ihren abstehenden Schenkeln Schraubenspindeln, mit denen sich die vom Kran abgesetzten Stücke rasch ausrichten ließen. Die Anschlußfugen füllte ein Kunstharzmörtel aus. Bei einem starken Frosteinbruch wurde der Mörtel in den Fugen mit einer Drahtmatte elektrisch beheizt. Warmluftstrahler, auf die Umgebung der Fugen gerichtet, unterstützten die Erwärmung des Mörtels, so daß er bereits nach 3 Stunden die zum Spannen der beiden Drahtbündel erforderliche Festigkeit hatte.

Die Montagespindeln eines Bogenpaares wurden gleichzeitig und gleichmäßig eingefahren. Dabei wurden die Scheitelsenkungen beobachtet und entsprechend die nur beim Verschieben erforderlichen Zugbänder mit dem Drehmomentenschlüssel nachgespannt. Die Verbindung eines Kämpfers mit dem Verschubschlitten ist aus Abb. 127, S. 117, ersichtlich. Auf diesem Bild erkennt man auch den Ansatz der mit den Trapezkörpern versehenen Zugstangen des Hubdeckenverfahrens Hochtief. So zu festen Stühlen zusammengeschlossen, konnten die Bogenpaare zu ihren Einbaustellen fahren. Die

Abb. 129. Vorrichtung zur vorläufigen Auflagerung und raschen Ausrichtung der Versteifungsträger

Verschubbahnen waren mit Holzbohlen abgedeckt. Gleiche Bohlen befanden sich unter den Kufen der Schlitten. Die sägerauhen Berührungsflächen wirkten für die als Gleitmittel dienende Seife wie Schmierdüsen. Mit diesem Gleitmittel stellte sich ein Reibungswiderstand $\mu = 0{,}25$ ein.

Waren die Bogenpaare an ihrer Verwendungsstelle angekommen, wurden die stählernen Kämpfergelenke durch Mörtelverguß festgesetzt. Dabei ließ es sich einrichten, daß die bei der Herstellung des Fertigteils anbetonierten Platten mit den gegenüberliegenden Platten der Widerlager in ganzer Bogenbreite Kontakt hatten. Das war bei den stählernen Scheitelgelenken nicht möglich, so daß dort die Ungelegenheiten auftraten, auf die in Abschnitt 2.1.5 hingewiesen ist. Die Folge war, daß alle Scheitelgelenke trotz der großen, beim Betonieren aufgewandten Sorgfalt nachgearbeitet werden mußten.

Die Pressen bewegten die Bogenpaare mit der auch im Hubdeckenverfahren ermittelten Geschwindigkeit von 4,60 m/Std. fort. Währenddessen konnte die Montagemannschaft den nächsten Baukörper zusammenbauen und fahrbereit machen. Abb. 128, S. 117, zeigt im Vordergrund ein Bogenpaar auf Fahrt, im Hintergrund zwei Paare in der Endstellung. Die provisorischen Zugbänder sind bereits zur Wiederverwendung entfernt. Hierzu s. auch [40].

3.5. Großräumig vorgefertigte Elemente im Brückenbau

3.5.1. Der Freivorbau mit vorgefertigten Segmenten

Das Verfahren, Bauwerke in breiten Stücken geringer Länge vorzufertigen, führte im Brückenbau zu bedeutsamen Entwicklungen.

Die Brücken erhalten einen kastenförmigen Querschnitt. Bei fehlendem Mittelsteg kragen die Fahrbahn- und Gehwegplatten zu beiden Seiten weit aus. Erst bei großen Breiten besteht der Querschnitt aus zwei getrennt hergestellten Kastenträgern, die eine Ortbetonfuge zwischen den benachbarten inneren Kragplatten zusammenschließt.

Zur Vorfertigung zerlegen quer über die ganze Breite durchgehende Fugen die Hohlträger in kurze Abschnitte, deren Länge durch die Tragfähigkeit der zu verwendenden Transport- und Montagegeräte bestimmt wird. Zum Einbau werden die Stücke am Kran oder an einem Verschubgerüst hängend mit einer dünnen Kunstharzschicht an die bereits montierten Teile gefügt und mit diesen durch eine Vorspannung in der Art des Freivorbaues verbunden. Der Einbau schreitet hierbei von den Pfeilern aus nach beiden entgegengesetzten Richtungen symmetrisch fort.

Zwei Gesichtspunkte kennzeichnen also das Verfahren, nämlich die serienmäßige Fertigung der Einzelteile in einer vor Kopf des Bauwerkes liegenden Feldfabrik und der Transport sowie die Montage der Stücke.

Die Herstellung der großräumigen Bauteile

Die dünnen Polyesterschichten können in den Anschlußflächen keine Unebenheiten ausgleichen. Sie erfordern daher, daß in diesen Flächen die Stücke genau aufeinanderpassen. Außerdem entstehen Schwierigkeiten dadurch, daß die Fahrbahnen und die Untersichten der Brücken meistens gekrümmt sind. Wenn dazu die Brücken auch im Grundriß gekrümmt sind und damit die Fahrbahntafeln eine Querneigung haben, entstehen weitere Anforderungen an die Genauigkeit bei der Herstellung der Einzelteile.

Bei den ersten, nach diesem Verfahren ausgeführten Brücken ist man diesen Bedingungen auf folgende Weise gerecht geworden. In der Feldfabrik hat man die Unterfläche eines ganzen Brückenzuges, angefangen von dem Pfeiler bis zu den beidseitigen Feldmitten, auf einem Schalboden vorgebildet. Auf diesem Boden wurden die Einzelteile mit einer wandernden Seiten- und Innenschalung so hintereinander betoniert, daß die Stirnfläche des zuletzt betonierten Stückes die Schalung des nächsten bildete. So stimmten also auch im eingebauten Zustand die Kontaktflächen genau überein. Diese Arbeitsweise benötigt aber viel Platz, und außerdem erfordert der Umbau der Wanderschalung und insbesondere deren Anpassung an die verschiedenen Trägerhöhen viel Zeit und Sorgfalt. Vorteilhafter ist ein Fertigungsverfahren, bei dem die Schalungen den Platz nicht wechseln und die Fertigteile verschoben werden.

Ein solches Verfahren wurde von der Firma Campenon Bernard, Paris, entwickelt und beim Bau mehrerer großer Brücken angewandt. Die gesamte Einrichtung besteht aus drei Teilen. Ein feststehender Teil enthält die Schalungen der Seiten, des Bodens und einer der beiden Stirnflächen des herzustellenden Stückes. Die dieser Stirnfläche gegenüberliegende Schalung wird von dem zuletzt hergestellten, auf einem Fahrgestell verschobenen Fertigteil gebildet. Hier stimmen also die beiden gegeneinander betonierten Stücke genau überein. Die Oberflächengestalt der zuerst genannten, feststehenden Stirnschalung ist belanglos, da die durch sie erzeugte Betonfläche wieder als Schalung für das darauffolgende Stück dient. Der dritte Teil der Einrichtung ist ein räumlicher Rahmen, aus dem, von einer Gegenlast im Gleichgewicht gehalten, die Innenschalung vorkragt. Auch dieser Teil ist auf Gleisen verschieblich, so daß er im herausgefahrenen Zustand den Einbau der Bewehrungen und der Hüllrohre für die später einzuziehenden Spannstähle ermöglicht. Alle Schalwände sind justierbar und können den jeweiligen Maßverhältnissen der herzustellenden Stücke angepaßt werden.

Transport und Einbau

Transportiert werden die großräumigen Teile entweder zu Wasser auf einem Kahn oder auf der bis zur Einbaustelle fertiggestellten Brücke. Im ersten Fall hebt ein Schwimmkran die mit dem Polyester behandelten Stücke in die Einbaustellung und hält sie solange, bis die Vorspannung wirksam ist. Während des Vorspannens verhindern Vorsprünge in der einen und Vertiefungen in der anderen Kontaktfläche, nach der Art von Nut und Feder wirkend, daß sich die Stücke senkrecht oder waagerecht gegeneinander verschieben.

In dieser Art wurden in Paris die beiden Seinebrücken des „Boulevard Périphérique" montiert. Das stromaufwärts liegende Bauwerk ist eine Zwillingsbrücke mit Spannweiten von 67,5 — 92,0 — 81,5 — 71,7 m. Die beiden Teilbrücken bestehen aus je 2 Kästen, die in den Fahrbahnplatten miteinander verbunden sind. Die in den Feldern weitgehend gleichbleibende Kastenhöhe von 3,40 m wächst im Bereich der Pfeiler entsprechend einer Ausrundung der Untersicht auf 5,50 m an. 340 Einzelteile mit gleichen Längen von 3,50 m und Gewichten von 40 bis 73 Mp bilden den 312 m langen Überbau. Die Brücke ist schiefwinklig und im Grundriß gekrümmt. Die Fahrbahnplatten sind auch im Aufriß gekrümmt sowie in Querrichtung geneigt.

Abb. 130. Brücke Boulevard Périphérique, Paris. Montage eines großräumigen Fertigteiles über einem Pfeiler

Abb. 131. Brücke Boulevard Périphérique, Paris. Montage der Elemente, von dem Pfeiler
aus in beiden Richtungen symmetrisch fortschreitend

Das zweite Bauwerk ist ebenfalls eine Zwillingsbrücke. Die Spannweiten
sind 57 — 65 — 90 — 53 m. Auch hier bilden je 2 Kästen den Querschnitt
der beiden parallelen Überbauten. Die Untersichten der Brücken sind stetig
gekrümmt. Dementsprechend bewegt sich die Höhe der Kästen von 2,80 m
in den Scheiteln bis 4,80 m an den Stützen. Alle Einzelteile hatten die
gleiche Länge von 3,33 m [32, 33, 34].

In ähnlicher Weise wurde die Brücke über die Brielse Maas bei Rotterdam
eingeschwommen und montiert. Mit einer Gesamtbreite von 25 m besteht
der Überbau dieser Brücke aus 3 Kästen. Die Spannweiten sind 85 — 112,5
— 85 m.

Ebenfalls auf dem Wasserweg transportiert, jedoch ohne Schwimmkran
eingebaut, wurden die Segmente der Brücke Pierre-Bénite [35].

Die Brücke führt südlich von Lyon über das Flußbett der Rhône und
anschließend über den Unterwasserkanal einer Schleuse. An dieser Stelle
liegt zwischen den beiden Flußläufen ein 79 m breiter Damm. Die Spannweiten sind im Bereich des Rhônebettes 50 — 75 — 75 — 50 m, und mit
den Spannweiten 56 — 84 — 56 m führt die Brücke über den Kanal. Die

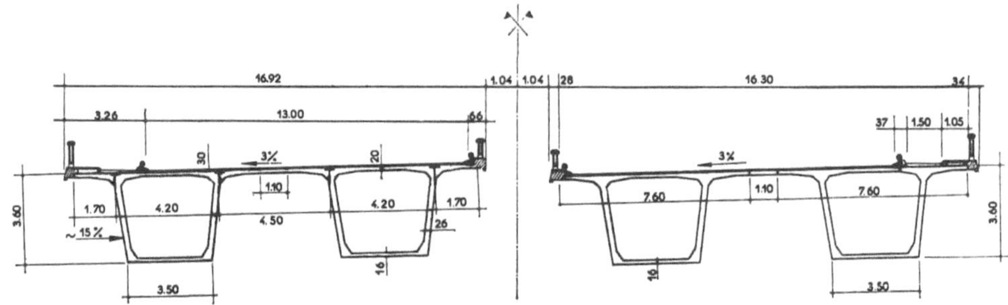

Abb. 132. Rhônebrücke Pierre-Bénite. Querschnitt

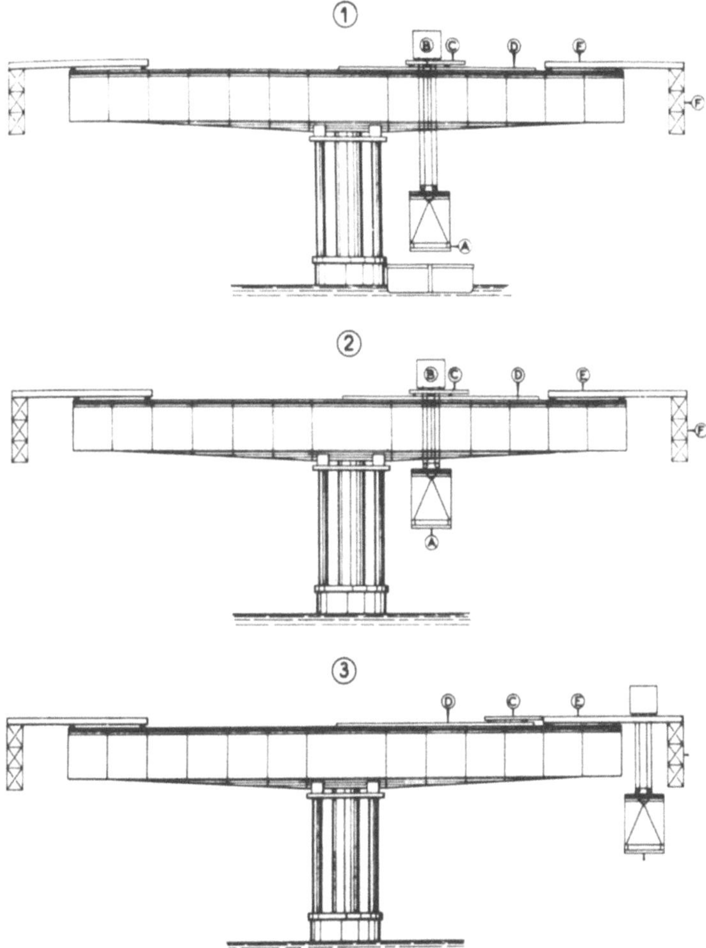

Abb. 133. Rhônebrücke Pierre-Bénite. Montage eines Fertigteils

Brücke ist schiefwinklig. Den Querschnitt zeigt Abb. 132, S. 122. Die beiden zwischen den Außenkanten der Gehwege 16,92 m messenden Zwillingsbrükken bestehen aus je 2 Kastenträgern mit trapezförmigem Querschnitt. Die Höhe von 3,60 m ist in allen Feldern konstant. Nur in den Stützenbereichen sind die unteren Platten voutenförmig verstärkt. Die Kastenträger mit den anschließenden Kragplatten stellte eine Feldfabrik mit der vorhin beschriebenen Einrichtung einer ortsfesten Schalung in 3 m langen Stücken her. Bei der Aufgliederung in Einzelteile war die schiefwinklige Gestalt der Brücken zu beachten. Die Stirnflächen mußten mit Rücksicht auf die Fertigung und die Montage, insbesondere der hierbei einzufädelnden Längsspannglieder, senkrecht zur Brückenachse stehen, und die konstant 3 m langen Teilstücke eines Kastenpaares mußten beim Einbau bündig nebeneinanderliegen, damit die Glieder der Quervorspannung auf die ganze Breite der Fahrbahnplatten durchgehen konnten. Dazu wurden über den Stützen und den Widerlagern die Kastenteile als Paßstücke in Ortbeton hergestellt.

Beim Einbau der auf dem Wasserweg transportierten Stücke hätte ein Schwimmkran die Schiffahrt zu sehr gestört, und außerdem war mit einer starken Strömung zu rechnen, bei der Schwankungen der am Kranseil hängenden Stücke den genauen Einbau behindert hätten. So konstruierte die Firma Campenon Bernard ein Gerät, mit dem sich die Montage rasch und sicher vornehmen ließ (Abb. 133 und 134). Der das Stück zubringende motorisierte Kahn legte unmittelbar neben dem Brückenpfeiler an und wurde mit diesem fest verbunden, so daß er gegen die starke Strömung gesichert war. Das einzubauende Stück ruhte auf einem Gestell A, an dem die Flaschenzüge einer Winde B angriffen. Diese Winde wurde von einem Plateauwagen C getragen, der auf dem Gleis D fuhr. War das Stück bis in unmittelbare Nähe des bereits fertiggestellten Überbaues gehoben, fuhr der Wagen C vor bis zum Anschlag an den Rahmen E, der nun die Winde B mit dem anhängenden Stück übernahm. Auf diesem rückwärts verankerten, nach außen vorkragenden Rahmen gleitend, gelangte die Winde in die

Abb. 134. Rhônebrücke Pierre-Bénite. Die Hubvorrichtung

Abb. 135. Viaduc d' Oléron. Vorbaugerät

Stellung, in der sie das Stück in seine endgültige Lage heben konnte. Am äußeren Ende trug der Rahmen E ein Bedienungsgerüst F, auf dem die Monteure die Spannarbeiten vornahmen.

Nachdem das Segment festgesetzt war, wiederholte sich der Vorgang zunächst für das danebenliegende Stück. War dieses montiert, wurden symmetrisch in der gleichen Weise die beiden Segmente auf der anderen Seite des Pfeilers eingebaut. Nach diesen Vorgängen rückten die Gleise und die Kragrahmen um 3 m, die Länge eines Stückes, vor und standen so dem Einbau der nächsten Stücke zur Verfügung.

Bei der Montage kamen den runden Stahlbetonpfeilern zum Ausgleich der zeitweise unsymmetrisch angreifenden Lasten je 4 provisorische Stützen zu Hilfe.

Aufbauend auf den Erfahrungen, die man bei den vorhin beschriebenen Brücken mit der Herstellung und dem Freivorbau der großräumigen Elemente gemacht hatte, haben die französischen Ingenieure eine Bauweise entwickelt, die besonders bei langen Brücken erfolgreich ist. Bei dieser Bauweise werden die Elemente in kurzen, die ganze Brückenbreite erfassenden Teilen vor Kopf des zu erstellenden Bauwerkes vorgefertigt, auf dem bereits montierten Überbau verfahren und mit einem weit ausladenden Montagegerät im freien Vorbau eingebaut. Dieses Vorbaugerät (Abb. 135) wurde entwickelt und zum erstenmal eingesetzt beim Bau des Viaduc d'Oléron, der mit einer Länge von 2 km vom Festland zu der gleichnamigen Insel führt. Die Arbeitsweise des Gerätes wird eingehend in dem nachstehenden Bericht über die Viaducs de Chillon erläutert.

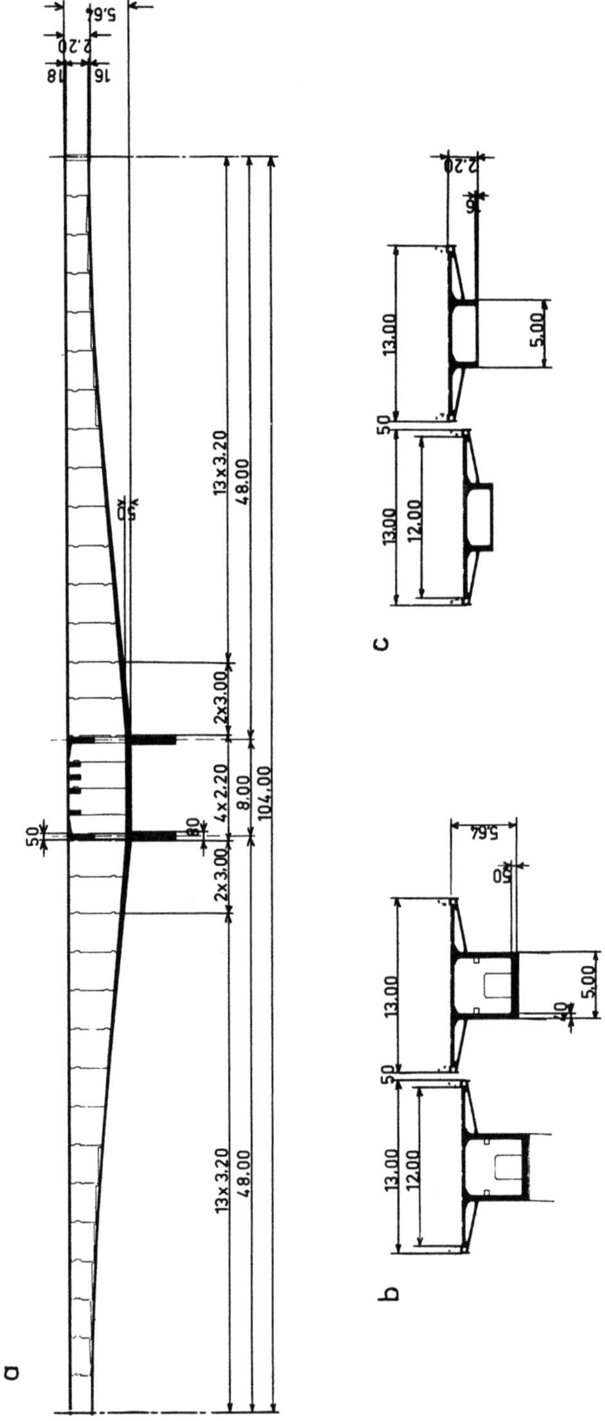

Abb. 136. Viaducs de Chillon. a Längsschnitt im Bereich der Felder mit $l = 104$ m, b Querschnitt über den Pfeilern, c Querschnitt in den Feldmitten

Gestalt und Querschnitt der Brücke Oléron sind aus Abb. 135, S. 125, ersichtlich. Die einzelnen Segmente waren 4 m lang, die Gewichte betrugen 40 bis 60 Mp.

Die Montage schritt im Mittel 10 m pro Tag fort. Damit hatte das Verfahren eine hervorragende Leistungsfähigkeit erwiesen. Es wurde für noch größere Pfeilerabstände weiterentwickelt und zuletzt beim Bau der im folgenden beschriebenen Viaducs de Chillon angewandt [36].

Die Brücken führen die Europastraße E 2 zwischen den Orten Montreux und Villeneuve, etwa 100 m oberhalb des Schlosses Chillon, mit 2 parallelen Zügen in einem bewaldeten Steilhang entlang dem Genfer See. Die Länge der Brücken beträgt 2100 m. Die Trasse mußte sich dem stark wechselnden Gelände und sehr unterschiedlichen Gründungsverhältnissen anpassen. So reichen die Halbmesser der Grundrißkrümmungen hinab von 2500 m bis zu 700 m. Das Längsgefälle bewegt sich zwischen 1,5 und 3$^0/_0$, die Querneigungen der Fahrbahntafeln betragen bis zu 6%. Für die Gestaltung der Brücken waren außer diesen Verhältnissen insbesondere die ästhetischen Belange der landschaftlich reizvollen Gegend, die Bedingung, den Waldbestand zu schonen, und nicht zuletzt die wirtschaftlichen Gesichtspunkte hinsichtlich der Konstruktion und der Ausführungsmöglichkeiten maßgebend.

Die Pfeiler bestehen aus je zwei, in einem Abstand von 8 m angeordneten Stahlbetonwänden. Ihre Höhen bewegen sich zwischen 3 und 45 m. Die Wände ruhen an den Stellen, wo der Fels bis in die Nähe des steilen Geländes tritt, auf schmalen, durch Querriegel ausgesteiften Fundamentscheiben. Wo der Fels tiefer liegt, sind die Fundamentscheiben mit je zwei, im Schachtverbau bis auf den Fels geführten, runden Betonkörpern unterfangen.

Die Überbauten der beiden Brücken sind Durchlaufträger. Ihre Spannweiten sind je nach den geologischen Verhältnissen der Gründungen 92 m, 98 m und 104 m.

Die gesamte Länge der Brücken von 2100 m ist durch 4 in den Feldmitten liegende Dehnungsfugen in 5 Teile gegliedert. Die Längssteifigkeit sichern die beiden Endwiderlager und 3 als Festpunkte konstruierte Pfeiler. Die übrigen Pfeilerwände sind teils als Pendel ausgebildet. Bei größeren Höhen nehmen sie infolge ihrer Schlankheit die Längsverschiebungen der Brückenauflager ohne wesentliche Spannungserhöhungen auf.

Abb. 136, S. 126, zeigt den Längsschnitt und den Querschnitt durch einen Kastenträger. Die 5 m breiten Kastenquerschnitte sind an den Pfeilern 5,64 m und in den Feldmitten 2,20 m hoch. Ebenfalls nimmt die Dicke der unteren Platten von 50 cm an den Auflagern kontinuierlich auf 16 cm ab. Im Pfeilerbereich sind die Fahrbahnplatten zur Aufnahme des sich dort abstützenden Vorbaugerätes durch Querträger verstärkt. Auf beiden Seiten der Kästen unterfangen 4 m weite, hohl ausgebildete Vorkragungen die Fahrbahnen.

Die von den Pfeilern aus nach zwei Richtungen vorgebauten Tragwerke kragten zunächst bis zu den Feldmitten frei vor. Sodann wurden diese Kragkonstruktionen für den Transport des Montagegerätes und der Fertigteile durch vorläufige Gelenke in den Feldmitten verbunden. Diese Gelenkstücke aus Ortbeton lagen an den Oberkanten der Kastenrippen und waren mit einer Vorspannung überdrückt. Sie ermöglichten einen weitgehenden Ausgleich der Kriech- und Schwindverformungen in den montierten Brückenteilen und wurden nach 3 Monaten durch den endgültigen Zusammenschluß ersetzt. Dazu füllten schmale Fertigteile in Verbindung mit Ortbeton die noch freien Räume zwischen den vorkragenden Brückenteilen aus. Die hierauf eingefädelte und vorgespannte Bewehrung der unteren Kastenplatten stellte die endgültige Kontinuität her.

Die Dehnungsfugen bestehen im wesentlichen aus zwei im Inneren der Kastenträger liegenden Pendelgelenken, die die Übertragung der Querkräfte bei freier Längsverschieblichkeit gewährleisten. Ihr Einbau erforderte besondere Überlegungen und Sorgfalt.

Herstellung der Fertigteile

In der Brückenachse befand sich vor dem zu erstellenden Bauwerk die Feldfabrik zur Vorfertigung der Segmente und das Lager für die zum Erhärten abgestellten Stücke. Diese Stätten bestrich ein Portalkran mit einer Tragfähigkeit von 80 t und einem Gleisabstand von 16 m, der die schweren Stücke transportierte. Mit einem 5-t-Kran, der auf demselben Gleis fuhr, wurden bei der Fertigung die einzelnen Materialien gehandhabt. Die Silos für den Zement und die Zuschläge waren dampfbeheizt.

Für die Fertigung standen 5 hintereinanderliegende Gruben zur Verfügung. Auf einem fahrbaren Unterbau ruhend, diente das zuletzt hergestellte Segment dem folgenden als Stirnschalung. Wegen der stark unterschiedlichen Grundrißkrümmungen, Seitenneigungen und Kastenhöhen war es erforderlich, das als Schalung dienende Fertigteil genau auszurichten. In einer Vertiefung des Werkflurs arbeitend, regelte eine hydraulisch betriebene Vorrichtung nach allen Koordinaten die genaue Höhenlage des auf seinem Wagen stehenden Formstückes. Die entsprechenden Koten, bezogen auf die Höhenverhältnisse des neu zu erstellenden Stückes, ermittelte die Baustelle mit einem kleinen Computer, dessen Ausgabewerte eine elektronische Einrichtung unmittelbar auf die Hydraulik des Unterbaues übertrug. Diese Vorrichtung erzielte eine Genauigkeit von der Größenordnung eines halben Millimeters und zeigte, wie industrialisiertes Bauen auch bei Verschiedenheit der vorzufertigenden Einzelteile möglich ist. Die übrigen Einrichtungen der festen und beweglichen Schalungen entsprachen den bereits vorher beschriebenen. In den 5 Arbeitsgruben wurde pro Tag je ein Segment fertiggestellt.

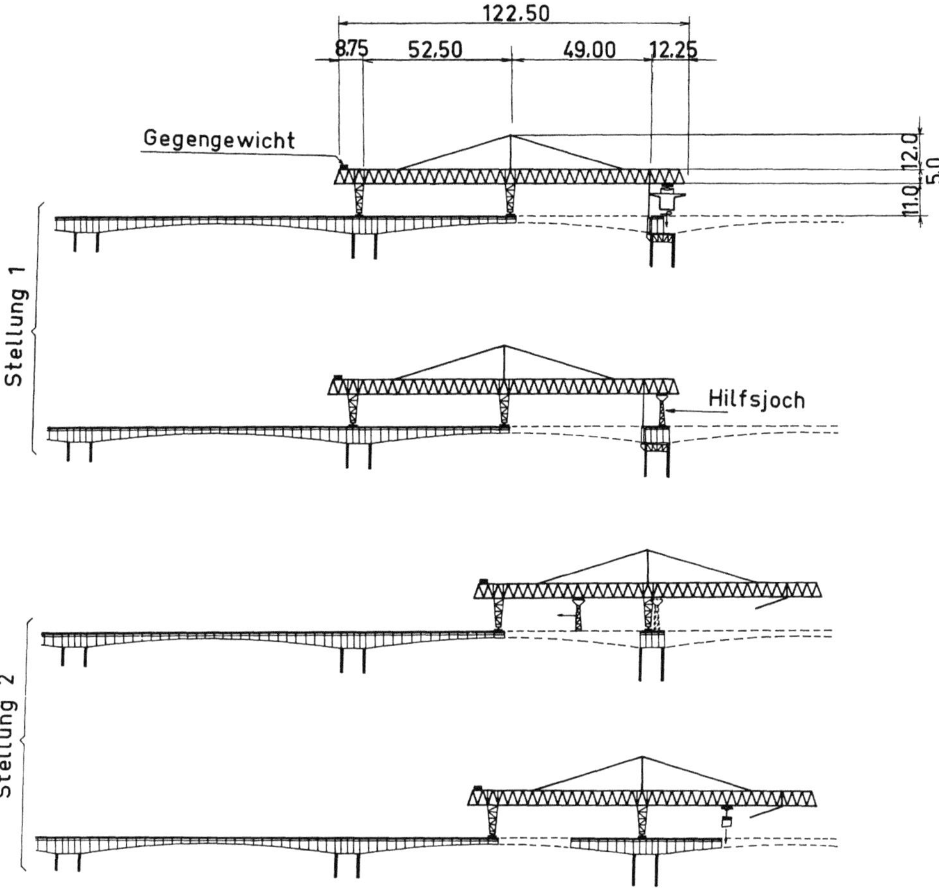

Abb. 137. Viaducs de Chillon. Das Vorbaugerät in den beiden Arbeitsstellungen

Der Einbau der Segmente

Das Freivorbaugerät besteht aus einem räumlichen Parallelträger, der in der Mitte und an beiden Enden von je zwei außerhalb liegenden Beinen unterfangen ist (Abb. 137 und 138). Nach oben spannen Schrägseile, deren Kräfte regulierbar sind, den Träger zur Mitte hin ab. Die Untergurte dienen als Gleis eines Laufkranes, der die Fertigteile über die ganze Länge des Gerätes transportiert. Bei diesem Transport sind die Stücke um 90° gegenüber ihrer Einbaustellung verdreht, so daß sie den Raum zwischen den Beinen des Gerätes frei passieren können.

Das Gerät arbeitete in zwei verschiedenen Stellungen (Abb. 137). In der ersten Stellung ruhte die mittlere Unterstützung auf dem Ende der bis zur Feldmitte frei vorgebauten Brücke. Die beiden rückwärtigen Beine waren über dem entsprechenden Pfeiler auf dem Kastenträger verankert. Die vorderen Beine stützten sich über ein Zwischenstück auf die Konsolen vorläufiger, stählerner Fachwerkträger ab. Diese Montageträger ruhten auf vorgefertigten Stahlbetonkonsolen, die mit vorgespannten Bolzen an die Pfeilerwände geklemmt waren. In dieser Arbeitsstellung setzte das Gerät die vier Kastenstücke einer Pfeilerbreite auf die Montageträger. Nach dem Zusammenspannen der Segmente wirkten sie als einheitlicher, auf den Pfeilerwänden gelagerter Balken. Auf diesen setzte der Laufkran ein über die fertige Brücke herangeschafftes Hilfsjoch. Den Fuß des Joches verbanden die Monteure mit dem Kasten, und auf dem Jochhaupt arretierten sie den Laufkran. So konnte das Montagegerät über den freien Raum vorfahren, wobei die Räder des nun feststehenden Laufkranes seinen Untergurt führten. Dabei gelangte es in die darauffolgende Arbeitsstellung, so daß das Hilfsjoch zurückfahren und ein neuer Freivorbau beginnen konnte. Die mittleren Füße des Gerätes waren zur Seite verschieblich, so daß die Segmente auch in Brückenkrümmungen frei durchfahren konnten. Die Gewichte der Stücke lagen zwischen 45 und 80 Mp. Abb. 138 zeigt das Montagegerät in der Arbeitsstellung. In Abb. 139, S. 131, steht es kurz vor dem Wechsel von einer Arbeitsstellung in die nächste.

Während des Absenkens strichen die Werkleute den Kunstharzmörtel in einer Mischung aus Araldit-Epoxidharz und Quarzmehl auf die Stirnflächen des Stückes. An mehreren Stellen aus diesen Flächen herausragende und

Abb. 138. Freivorbau eines Segmentes

Abb. 139. Das Gerät beim Wechsel von der Stellung *1* in die Stellung *2*. Die vordere Trägerhälfte gleitet über das Hilfsjoch

in entsprechende Nischen des Nachbarstückes eingreifende Zähne sicherten den raschen Anschluß und die Unverschieblichkeit der Stücke während des Vorspannens. Zunächst spannten die Monteure mit 2 Hilfskabeln das Stück gegen die Mörtelfuge, die dabei 0,8 bis 1,5 mm dick blieb. Dann zogen sie die 4 endgültigen Kabel (Litzen mit $\frac{1}{2}''\varnothing$) ein und spannten sie mit Kräften von je 145 Mp vor. Zwei Kabel liegen in der oberen Kastenplatte, die beiden anderen laufen schräg durch die Stege.

Die Feldfabrik fertigte in der Woche 22 bis 24 Einzelteile. Damit verfügte die Baustelle jederzeit über eine genügende Anzahl für die Montage, die den Fortschritt des Freivorbaues bestimmte. Dieser betrug 10 m/Tag und damit ein Vielfaches von dem Rhythmus, der beim Freivorbau mit Ortbeton wesentlich durch die Erhärtungsdauer der betonierten Abschnitte bedingt ist.

Zu der hierdurch gekennzeichneten Leistungsfähigkeit des Freivorbaues mit vorgefertigten Elementen kommen noch folgende Vorteile.

Der in der Fabrik hergestellte Beton hat eine besonders hohe Qualität. Ferner ist der Schwindprozeß nach einer Lagerung von 4 Wochen weitgehend abgeklungen, und der zur Zeit des Vorspannens erreichte Reifegrad des Betons vermindert die Spannkraftverluste sowie die Verformungen infolge des Kriechens.

9*

3.5.2. Das Taktschiebeverfahren Baur-Leonhardt

Auf dem Gedanken, Brücken in ganzer Breite hinter einem Endwiderlager in Stücken vorzufertigen und diese Teile in Brückenlängsrichtung zu verschieben, beruht auch das Taktschiebeverfahren Baur-Leonhardt. Das Verfahren hat einen Vorläufer in der Bauweise, in der die Brücke über den Rio Caroni, Venezuela, ausgeführt wurde. Über dieses Bauwerk und seine Ausführung ist in [37] ausführlich berichtet. Hier soll im Hinblick auf die Weiterentwicklung zum Taktschiebeverfahren nur das Wesentliche des Überbaues beschrieben werden.

Die Brücke führt mit einer Länge von 480 m über den Fluß, dessen Spiegel sich bei einer reißenden Hochwasserströmung um 12 m erheben kann. Lehrgerüste zur Herstellung einer Stahlbetonbrücke schieden daher aus. So wurde nach dem Entwurf von Prof. Dr.-Ing. F. LEONHARDT und Ing. (grad.) W. BAUR der Überbau auf dem Gelände aus vorgefertigten Teilen zusammengefügt, zunächst mittig vorgespannt und in ganzer Länge, auf den Köpfen der Pfeiler und vorläufiger Hilfsunterstützungen gleitend, über den Fluß geschoben.

Die Spannweiten sind 48 — 96 — 96 — 96 — 96 — 48 m. Die Brücke hat einen kastenförmigen, 5,62 m hohen, unten 4 m und unter dem Ansatz der Fahrbahnplatte 5,5 m breiten Querschnitt. Zu beiden Seiten des Kastens kragt die Fahrbahnplatte 2,4 m aus. Die Höhe des Kastens ist in ganzer Brückenlänge konstant. Nur im Stützenbereich ist die untere Platte verdickt. Auf beiden Seiten führt der Kasten in Höhe seiner unteren Platte nachträglich aus Fertigteilen hergestellte Fußgängerstege.

Der Überbau wurde in 9,20 m langen Stücken zwischen einer ortsfest

Abb. 140. Brücke über den Rio Caroni. Stahlschalung für den Überbau

eingerichteten Stahlschalung hergestellt. Bereits nach einem Tag konnten die betonierten Teile die Schalung entbehren, so daß diese für die Herstellung eines weiteren Stückes zur Verfügung stand. Die praktische Handhabung der Schalung sowie die gut abgestimmten Takte für das Verlegen der Bewehrung und das Betonieren ermöglichten die Herstellung von 2 Einzelteilen pro Woche.

Die Fertigungsstätte lag 500 m landeinwärts. Von dort aus zogen Winden die Stücke auf einer Gleitbahn zu der ihrer Lage im Bauwerk entsprechenden Stellung. Die Gleitbahn bestand aus zwei durchgehenden, 50 cm breiten Betonbanketten, die mit 5 cm dicken und 30 cm breiten Dielen aus Hartholz abgedeckt waren. Die Oberflächen der Dielen waren geschmiert. Zwischen ihnen und der Unterfläche der gleitenden Stücke befanden sich Kunststoffplatten. So ergab sich beim Verziehen der Stücke ein Reibungswert $\mu = 0{,}15$. Die Stücke wurden mit freien Zwischenräumen von 40 cm Breite hintereinandergestellt. Nach ihrem Ausrichten, das der Höhe nach infolge der Ungenauigkeiten der Gleitbahn und bedingt durch deren fortschreitenden Abrieb erforderlich war, wurde ein Teil der Lücken mit Ortbeton geschlossen. Zum Ausgleich der Schwindverkürzungen des Ortbetons faßte man zunächst je fünf durch Anschlußeisen miteinander verbundene Stücke zusammen. Die übrigen Zwischenräume blieben vorläufig frei, da die Verbindungsstähle nicht in der Lage gewesen wären, die hohen Reibungskräfte aufzunehmen, die bei der Schwindverkürzung größerer Brückenabschnitte aufgetreten wären.

In diesem Zustand verlegte ein Haspelwagen, der im Innern des Kastens zwischen den Brückenenden hin und her fuhr, entlang den Kastenwänden die Litzen der Spannbewehrung. An den Brückenenden führte man die Litzen von Hand um die zum Spannen und Verankern dienenden Betonblöcke. Die so entstandene, zu je einem Strang zusammengefaßte Spannbewehrung lag zunächst waagerecht mit ihrer Mittellinie in Höhe des Querschnittschwerpunktes. Nach dem Ausbetonieren der frei gebliebenen Fugen brachten Stellringpressen, die an dem einen Brückenende zwischen dem Spannblock und dem hierzu verstärkten Kastenende wirkten, die Vorspannung von insgesamt 5000 Mp in zehn Arbeitsgängen auf. Dabei verschob sich der Spannblock um den Dehnweg von 2,8 m.

Hierauf wurde der Überbau in seiner ganzen Länge über den Fluß geschoben. In allen Zuständen dieses Vorganges konnte die mittige Vorspannung die auftretenden Biegezugspannungen überdrücken. Ein vor Kopf des Kastentragwerkes angebrachter stählerner Vorbauschnabel (Abb. 141) sowie Zwischenjoche, die die Pfeilerabstände halbierten, verringerten die Kragmomente.

Wesentlich für den Erfolg dieses Verfahrens waren die Maßnahmen, die für das Gleiten beim Verschieben des langen und schweren Baukörpers getroffen wurden. Auf den Pfeilern und den Zwischenjochen sowie auf den

Abb. 141. Brücke über den Rio Caroni. Die Brücke während des Verschiebens

Banketten der landeinwärts liegenden Verschiebebahn waren Stahlplatten mit verchromter und polierter Oberfläche befestigt. Die auf der Verschiebebahn befestigten Platten hatten die gleichen Abstände, wie die im Flußbereich liegenden Stützpunkte. Auf diesen Platten bewegten sich die als Neoprenetopflager ausgebildeten Verschiebelager, deren unterste Schicht aus einer mit Teflon belegten Stahlplatte bestand. Das Neoprene verteilte die Auflagerdrücke gleichmäßig auf die Lagerflächen, während das Teflon den Reibungsbeiwert in niedrigen Grenzen hielt. Nach eingehenden Versuchen der T. U. Stuttgart läßt sich mit solchen Gleitschichten der Reibungsbeiwert je nach der Geschwindigkeit des Gleitens und der Zusammensetzung des Teflons in den Grenzen von 1 bis 4% halten.

Nach einem Gleitweg von 96 cm hatten sich die Topflager den Rändern der feststehenden Platten genähert. In diesem Zustand hoben hydraulische Pressen die Brücke um einige Millimeter an, so daß die Lagerkörper um den Gleitweg zurückgeschoben werden konnten.

Zum Verschieben arbeitete auf jeder Seite des Kastens in der Höhe der unteren Platte eine hydraulische Zwillingspresse. Diese Pressen brachten zusammen eine Kraft von 600 Mp auf. Ihre Kolben konnten 20 cm weit ausfahren. Sie waren auf dem nächst der landseitigen Gleitbahn gelegenen Widerlager montiert und stützten sich auf dieses ab, vermittelt durch stählerne Knaggen (Abb. 142). Die Pressenkolben griffen an Zugstangen an, die die Kräfte rückwärts über Stahlkonsolen auf den Betonkörper übertrugen. Diese Konsolen (Abb. 143) waren mit hochzugfesten Bolzen gegen die Betonaußenflächen gespannt und konnten dem Fortschritt des Vorschubes entsprechend an jedem Fertigteil, also in Abständen von 9,6 m, angebracht werden. Mit einer Länge von 22 m ermöglichten die Zugstangen die Tagesleistung von 19,20 m, ohne daß die Schuhe umgebaut werden mußten.

Abb. 142. Brücke über den Rio Caroni. Die Verschubpresse

In der Nacht versetzten die Monteure die Konsolen, so daß diese mit den Stangen am nächsten Tag wieder zur Verfügung standen.

Die zum Verschieben des 10.000 Mp schweren Baukörpers benötigte Horizontalkraft betrug im Anfang 200 und gegen Ende 400 Mp. Der Reibungsbeiwert war damit zunächst 2% und wuchs aus verschiedenen Gründen auf 4% an. Auf den Pfeilern wurde die Brücke zwischen zwei seitlich verstellbaren Gummirädern geführt. Mit dieser Einrichtung konnten auch Richtungsänderungen durch geringe Seitendrücke korrigiert werden.

Nachdem die Brücke in ihrer endgültigen Lage angekommen war, mußten

Abb. 143. Brücke über den Rio Caroni. Zugstange mit Ankerkonsole

die zunächst geradlinig verlaufenden Spannbündel in die entsprechend der
Momentenlinie gekrümmte Lage gebracht werden. Dazu erhielten die einzelnen Umlenkstellen U-förmige, mit Gleitblechen versehene Stahlstücke.
In diese griffen hochfeste Rundstähle, die in den Stützenbereichen bis über
die obere Kastenplatte und in den Feldern bis unter den Kasten reichten.
Dort zogen Spannpressen die Stäbe an, so daß die Längsbündel in die
gewünschte, gekrümmte Lage gelangten. Dabei fuhr der Spannblock um
2,6 m, d. h. fast um den ganzen Betrag des Dehnweges der vorgespannten
Kabel, zurück. Die einzelnen Zwischenzustände dieses Vorganges waren so
aufeinander abgestimmt, daß die Spannkraft stets nahezu konstant blieb.
Mit den Kastenwänden fest verbundene Stahlbetonrippen sichern die ver-
tikale Unverschieblichkeit der gekrümmten Spannbündel. Eine durch Bügel
mit den Stegen verbundene Betonumhüllung stellt den Anschluß der Bündel
an den Kasten her und verhindert ihr Rosten.

Die beim Bau dieser Brücke gemachten Erfahrungen haben gezeigt,
daß das Zusammenfügen einer ganzen Brücke auf dem Vorgelände unwirt-
schaftlich ist. Schon die Anlage einer Verschiebebahn, für die beim Bau der
Caroni-Brücke umfangreiche Erdarbeiten, teils mit nachträglich wieder zu
füllenden Einschnitten, erforderlich waren, ist kostspielig. Das genaue Ausrichten der Einzelteile und das Schließen der zwischen den Teilen gelassenen
Lücken bedingt einen hohen Lohnaufwand. Ferner kostet das Verziehen
der gespannten Kabel in die gekrümmte Lage viel Zeit und Sorgfalt. Dagegen
war das Herstellen der verhältnismäßig langen Teilstücke in einer ortfesten
Schalung wirtschaftlich vorteilhaft. Insbesondere brachte das Verschieben
der ganzen Brücke in einem Stück mit den hier angewandten Mitteln einen
vollen Erfolg. Aufgebaut auf diesen Erfahrungen entstand das Taktschiebeverfahren [38, 39].

Bei diesem Verfahren liegt die Fertigungsstätte unmittelbar hinter einem
der beiden Endwiderlager. Hier werden die Kastenträger in 10 bis 30 m
langen Teilstücken gefertigt, wobei unmittelbar gegen das bereits fertig-
gestellte Stück betoniert wird. Jeweils nach dem Erhärten eines Stückes
wird die Brücke über die Pfeiler geschoben. Dabei verbindet eine Vorspannung das zuletzt hergestellte Teil mit seinen Vorläufern.

Neben der ortsfesten Stahlschalung liegen auf engem Raum beieinander
die Biegeanlage und die zur Betonaufbereitung erforderlichen Einrichtungen.
Man kann die Stahlschalung durch ein fahrbares Dach überspannen und den
ganzen Arbeitsraum beheizbar nach außen abschließen, so daß die Fertigung
auch bei Frostwetter keine Unterbrechung erleidet. Da die nachfolgenden
Arbeitsgänge, insbesondere das Verschieben der fertigen Stücke, witterungs-
unabhängig sind, ist der Bauablauf auch im Winter stetig. So sind alle
Bedingungen des industrialisierten Fertigteilbaues erfüllt.

Die äußere Schalung erfaßt in winkelförmigen, durch Fachwerke ausgesteiften Stücken die Kastenwände und die Kragplatten (Abb. 144). Sie ist am

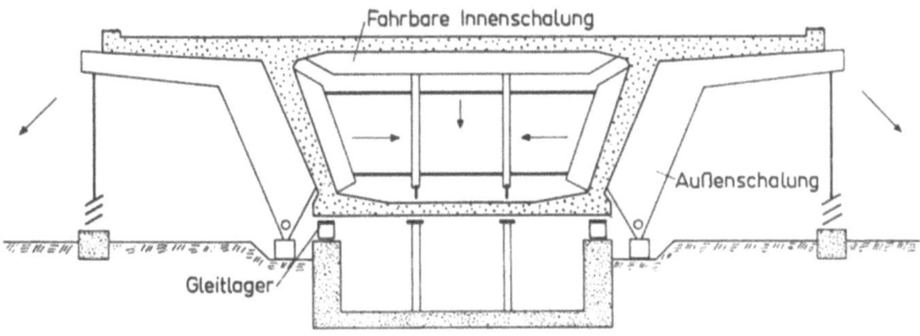

Abb. 144. Das Taktschiebeverfahren. Schema der Schalungseinrichtung

Fuß drehbar gelagert und an der oberen Außenkante durch absenkbare
Stahlstützen unterfangen. Die innere Kastenschalung setzt sich aus drei
Tafeln zusammen. Zwei dieser Tafeln erfassen die Kastenwände, die dritte
die Fahrbahnplatte. Jene sind waagerecht nach innen, diese ist senkrecht
nach unten verschieblich. In einem Anwendungsfall betrieben hydraulische,
automatisch gesteuerte Vorrichtungen die Bewegungen dieser Schalkörper,
so daß das Ausschaben nur wenige Minuten dauerte.

Zunächst wird auf einer Beton- oder Stahlmatrize, deren Oberfläche
mit einem Trennmittel versehen ist, die untere Kastenplatte hinter der in
Abb. 144 gezeigten Einrichtung gegen die entsprechende Platte des zuletzt
hergestellten Brückenteiles betoniert, wobei die Bügel der Stege aus der
Platte herausragen. Auch wird hier bereits die gesamte aufgehende Bewehr-
rung der Kastenwände aufgestellt. Beim Verschieben eines fertiggestellten
Stückes nimmt dieses die Innenschalung mit, so daß die nachfolgende Platte
mit der Stegbewehrung unbehindert zwischen die beiden seitlichen Schalungen rücken kann. Sodann wird die Innenschalung zurückgezogen, die Bewehrung der Fahrbahnplatte ergänzt und der Restquerschnitt betoniert.
Eine Unterbrechung der einfachen Innenschalung durch Rahmen und Quer-
wände vermeidet man dadurch, daß man diese entweder nachträglich einbetoniert oder zwischen zwei Takte fügt. Da die Bauzeit wesentlich von der
Länge der Teilstücke abhängt, ist man bestrebt, diese Länge möglichst groß,
etwa 20 bis 30 m, zu wählen. Ein solches Stück läßt sich in fünf Arbeitstagen
fertigstellen, so daß das Wochenende für das Erhärten des Betons zur Verfügung steht. Zwei Teilstücke dieser Länge werden hintereinanderliegend
hergestellt. Ein besonderes Aufstellen und Ausrichten, wie beim Bau der
Caroni-Brücke, entfällt, da die Stücke nach ihrer Fertigung unmittelbar im
Zusammenhang mit den vorhergehenden über die Pfeiler geschoben werden.

Die einzelnen Arbeitstakte des Betonierens und Verschiebens zeigt schematisch Abb. 145.

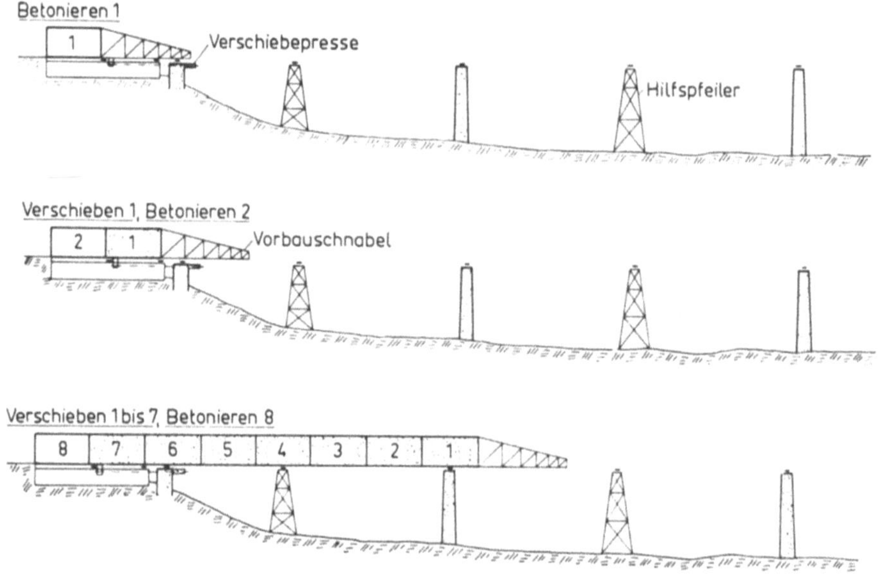

Abb. 145. Das Taktschiebeverfahren. Schema des Verschubvorganges

Ein leichter Vorbauschnabel sowie Zwischenjoche, bei großen Pfeilerabständen angeordnet, halten die Biegemomente in den einzelnen Zuständen des Verschiebens in niedrigen Grenzen. Die Aufnahme dieser Momente gewährleistet eine mit fortlaufend angekoppelten Gliedern aufgebrachte zentrische Vorspannung.

Die beim Bau der Caroni-Brücke entwickelte und mit Erfolg angewandte Gleiteinrichtung ist dadurch vereinfacht worden, daß man die Brücke beim Nachsetzen der Verschiebelager nicht mehr anheben muß. Auf den Widerlagern, den Pfeilern und den Zwischenjochen stehen zwei 80 bis 120 cm lange, in B 600 vorgefertigte Betonblöcke, je einer im Bereich der unteren Kastenecken (Abb. 146). Auf diese Blöcke sind polierte Bleche aus Chromnickelstahl gespannt. Als Gleitplatten dienen 40 cm breite, mehrschichtige Neoprenekissen, deren Unterfläche mit einer 1 mm dicken vulkanisierten Teflonschicht belegt ist. Die Neoprenekissen verteilen die Auflagerdrücke gleichmäßig auf die Lagerflächen, während das Teflon die Gleitreibung in den Grenzen von 2 bis 4% hält. In Brückenlängsrichtung sind die mit dem Überbau gleitenden Kissen in mehrere Stücke aufgeteilt. Ist beim Vorschub das vordere Kissenstück ausgefahren, wird es hinten wieder angesetzt, ohne daß die Brücke gehoben werden muß.

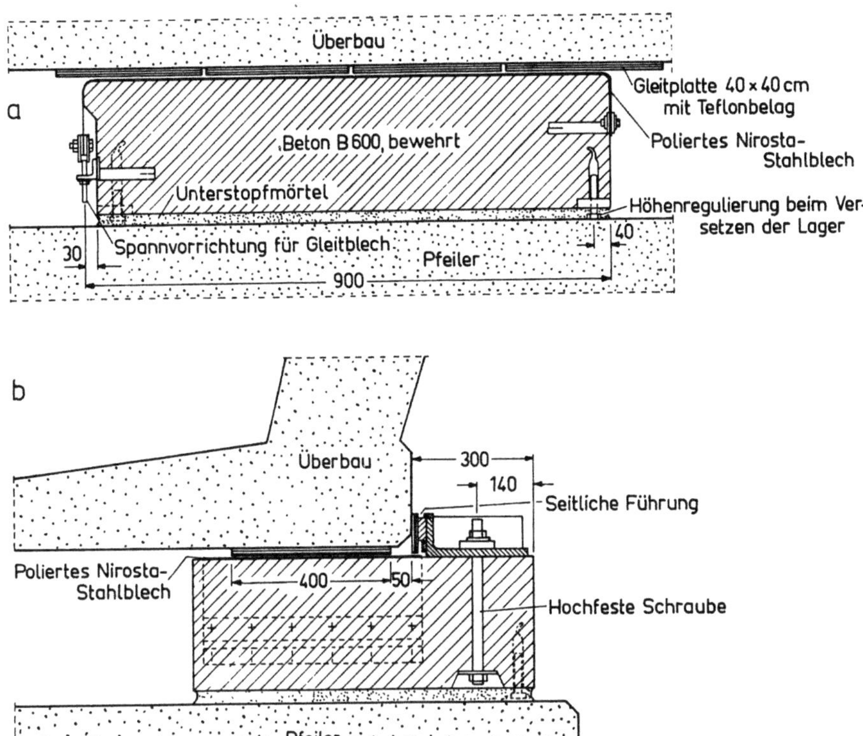

Abb. 146. Das Taktschiebeverfahren. Die Gleitvorrichtung. a Längsschnitt, b Querschnitt

Für den Antrieb des Verschiebevorganges gibt es zwei Möglichkeiten. Bei dem einen Verfahren arbeitet unter dem Kastenträger im Bereich der Längswände je ein Pressenpaar, das einerseits gegen das Widerlager drückt und andererseits mit einer Zugstange das zuletzt gefertigte Teilstück des Kastens angreift (Abb. 147 a). Die Zugstangen sind mit den Kolben der zuge-

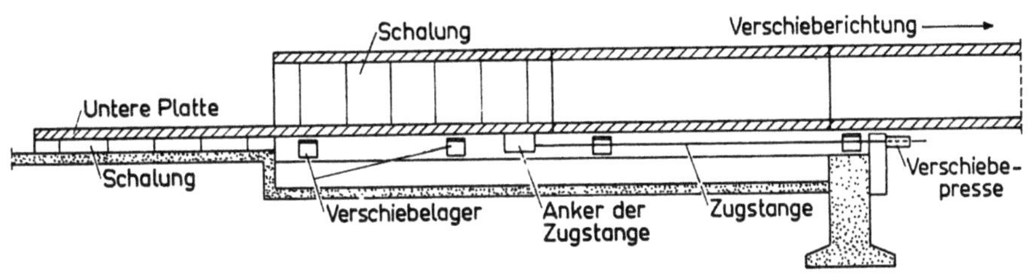

Abb. 147 a. Das Taktschiebeverfahren. Antrieb über Zugstangen wirkend

ordneten Zwillingspressen fest verbunden. An das Betonstück sind sie mit stählernen Ankerschuhen angeschlossen. In diese, durch H.V.-Verbindungen gegen die untere Kastenplatte gespannten Stahlstücke klemmen sich die Zugstangen beim Ausfahren der Pressen mit keilförmigen Backen. Beim Einfahren der Pressen lösen sich die Backen und setzen sich beim nächsten Arbeitsgang wieder fest.

Das andere Verfahren verzichtet auf die Zugstangen. Die Verschiebepressen drücken gegen das Widerlager einerseits und andererseits gegen Hubpressen, auf denen die Konstruktion während des Verschiebens ruht (Abb. 147 b). Die Aufstandsflächen dieser Hubpressen gleiten über feste Teflonlager. Sind die Kolben der Verschiebepressen ausgefahren, werden die Hubpressen entlastet, so daß sich das Stück auf Absetzlager stützt. Indessen ziehen die Kolben der Verschiebepressen die Hubpressen zu einem neuen Arbeitsgang zurück. Das Verschieben einer Taktlänge dauert etwa einen halben Tag.

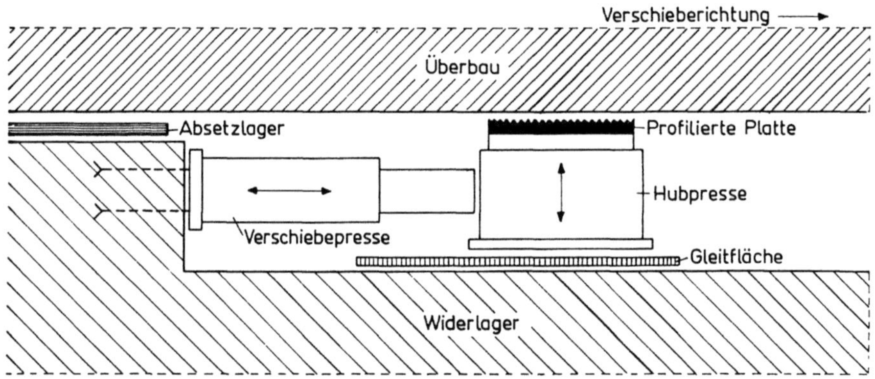

Abb. 147 b. Das Taktschiebeverfahren. Antrieb mit unmittelbar auf das zu verschiebende Stück wirkenden Pressen

Die Hauptspannbewehrung kann entweder in Form von Einzelgliedern innerhalb der Stege verlegt werden, oder sie wird in konzentrierten Bündeln im Innern des Kastens neben den Stegen angeordnet. Die Einzelglieder legt man beim Betonieren der Teilstücke ein, die konzentrierten Bündel fädelt man in die fertig verschobene Brücke. Zum Zeitpunkt des Spannens hat der Beton größtenteils bereits einen hohen, die Schwind- und Kriechverluste beschränkenden Reifegrad erlangt. Diesen Vorteil hat das Taktschiebeverfahren mit dem Freivorbau vorgefertigter Segmente gemeinsam. Wie bei diesem, kann die Brücke auch beim Taktschiebeverfahren im Grundriß und im Aufriß gekrümmt sein.

Abb. 148. Die Autobahnbrücke bei Tauberbischofsheim

Abb. 149. Die Talbrücke Gerlingen

Die Wirtschaftlichkeit des Verfahrens wird durch Krümmungen, wie sie üblicherweise im Großbrückenbau auftreten, nicht beeinflußt.

Das erste, nach dem Taktschiebeverfahren ausgeführte Bauwerk ist die Autobahnbrücke, die mit einer Länge von 450 m bei Kufstein über den Inn führt. Die drei Hauptöffnungen haben Spannweiten von je 102,40 m. Diesen schließen sich zwei kürzere Endfelder an. Der kastenförmige, 4,60 m hohe Querschnitt ist unter der Autobahn in zwei voneinander unabhängige Teile gegliedert. Zur Seite führt ein dritter Überbau eine Bundesstraße über das Tal.

Beim Bau der 600 m langen Talbrücke Tauberbischofsheim bestanden die Zwischenpfeiler aus vorgefertigten Stahlbetonwänden, die durch stählerne Fachwerke ausgesteift waren. Alle Teile ließen sich zur Wiederverwendung abbauen (Abb. 148).

Ferner wurden nach dem Taktschiebeverfahren gebaut:
die Talbrücke über die Loisach bei Murnau, Länge 600 m,
die Kochertalbrücke bei Neuenstadt, Länge 478 m,
die Autobahnbrücke bei Gerlingen, Länge 426 m (Abb. 149),
die Talbrücke Bassenheim, Länge 467 m,
10 weitere Brücken mit Längen von 100 bis 400 m
sowie eine zweite Caroni-Brücke bei Venezuela mit einer Länge von 480 m.

Bei allen diesen Brücken hat sich das Taktschiebeverfahren technisch und wirtschaftlich bewährt.

Literatur

1. LÖSER, B.: Bauten aus Stahlbeton-Fertigteilen. Beton- und Stahlbetonbau 1944, H. 9/10, 11/12, 13/14.
2. RÜSCH, H.: Gedanken und Beispiele zum Bauen mit Fertigteilen aus Stahlbeton. Die Bautechnik 1944, 170 ff.
3. VAESSEN, F.: Die neue Brücke über die Mosel bei Schweich. Der Bauingenieur 1949, H. 3.
4. Institut für Beton und Stahlbetonbau, Technische Universität Karlsruhe, Prüfbericht vom 10. 12. 1965 über Versuche an Mörtelfugen.
5. VAESSEN, F.: Neue rationelle Verfahren im Stahlbetonbau. Der Bauingenieur 1967, H. 1.
6. GRASSER, E., und F. DASCHNER: Versuche zur Festigkeit von Mörtelfugen zwischen Betonfertigteilen. Bericht des Materialprüfungsamtes der Technischen Hochschule München.
7. Instituut TNO voor Bouwmaterialen en Bouwconstructies, Delft: Proeven over de verbinding van betonelementen door middel van een horizontale mortelvoeg.
8. STILLER, M.: Die Bemessung von Mörtelfugen. Betonsteinzeitung 1970, H. 6.
9. FRANZ, G.: The connexion of precast elements with loops. Proceedings of a Symposium held at Church House London SW 1, 22—24 Mai 1967. Cement and Concrete Association.
10. Hochtief-Nachrichten April 1967, Aschebandstraße auf dem RWE-Kraftwerk Weisweiler.
11. VAESSEN, F.: Werkhallen aus vorgefertigten und zusammengespannten Stahlbetonteilen. Der Bauingenieur 1961, H. 3.
12. VAESSEN, F.: Die Hängewerke der Türme des Rathausneubaues Marl. Beton- und Stahlbetonbau 1963, H. 4.
13. VAESSEN, F.: Das Hängedach der großen Trainings- und Ausstellungshalle der Westfalenhalle AG in Dortmund. Beton- und Stahlbetonbau 1959, H. 10.
14. Beschreibung von bemerkenswerten Bauwerken aus vorgespanntem Beton (Überblick, vorgelegt von der Gruppe Vorspannbeton FGBH/S.I.A. am fünften FIP-Kongreß in Paris, 11. bis 18. Juni 1966). Schweizerischer Ingenieur- und Architekten-Verein, Zürich.
15. KAMMENHUBER, J.: Kraftgrößenverfahren der Stabstatik bei nichtlinearem Elastizitätsgesetz. Dissertation TH Aachen 1961.
16. DISCHINGER, F.: Untersuchungen über die Knicksicherheit, die elastische Verformung und das Kriechen des Betons bei Bogenbrücken. Bauingenieur 1937, H. 33/34.
17. DISCHINGER, F.: Elastische und plastische Verformungen der Eisenbetontragwerke und insbesondere der Bogenbrücken. Bauingenieur 1939, H. 5/6.
18. TROST, H., und H.-J. WOLFF: Zur wirklichkeitsnahen Ermittlung der Beanspruchungen in abschnittsweise hergestellten Stahlbetontragwerken. Bauingenieur 1970, H. 5, Gl. 2,14b.
19. TROST, H.: Auswirkungen des Superpositionsprinzips auf Kriech- und Relaxationsprobleme bei Beton und Spannbeton. Beton- und Stahlbetonbau 1967, H. 10/11.
20. TROST, H., B. MAINZ und H.-J. WOLFF: Zur Berechnung von Spannbetontragwerken im Gebrauchszustand unter Berücksichtigung des zeitabhängigen Betonverhaltens. Beton- und Stahlbetonbau 1971, H. 9/10.
21. ZERNA, W.: Spannung-Dehnungs-Beziehung für Beton bei einachsiger Beanspruchung. Aus Theorie und Praxis des Stahlbetonbaues. Franz-Festschrift. Berlin: W. Ernst & Sohn. 1969.
22. RÜSCH, H.: Stahlbeton-Spannbeton, Bd. 1, Werkstoffeigenschaften und Bemessungsverfahren. Düsseldorf: Werner. 1972.
23. RÜSCH, H.: Die wirklichkeitsnahe Bemessung für lastunabhängige Spannungen. Vorträge auf dem Betontag 1965. Deutscher Beton-Verein e.V.
24. VAESSEN, F.: Hallen aus vorgefertigten und zusammengespannten Stahlbetonteilen. Beton- und Stahlbetonbau 1959, H. 5.
25. HEUSSLER, E.: Über eine neuartige Schalenkonstruktion. Bau und Bauindustrie 1959, H. 3.
26. Handbuch HP-Schalen, herausgegeben von Normko Gesellschaft für Normkonstruktionen und Statik m. b. H., Essen.
27. VAESSEN, F.: Das Hubdecken-Verfahren. Festschrift zum 70. Geburtstag von Professor Dr.-Ing. Alfred Mehmel, herausgegeben von Professor Dr.-Ing. H. Beck und Professor Dr.-Ing. Weigler, Technische Hochschule Darmstadt.

28. SCHÄFER, U., und P. SOMMER: Der Wasserturm der Firma Roche Sisseln AG. Schweizerische Bauzeitung 1967, H. 43.
29. Engineering News-Record, November 18, 1965.
30. Katholische Kirche St. Bonifatius, Gelsenkirchen-Erle. Hochtief-Nachrichten März 1970.
31. VAESSEN, F.: Das Heben und Senken schwerer Bauteile. VDI-Zeitschrift 1964, Nr. 8.
32. GRATTESAT, G.: Une nouvelle famille de ponts en béton précontraint. Travaux Jan. 1966.
33. CHAUDESAIGUES, J.: Évolution de la technique de construction des ponts en encorbellement en France. Travaux Jan. 1966.
34. Ciba Aspekte 3/1969.
35. MULLER, J., und G. GRENIER: Le pont aval sur le Rhône à Pierre-Bénite. Travaux Juni 1966.
36. Monographie: Construction des viaducs de Chillon, herausgegeben von: Bureau de construction des autoroutes vaudoises; Bureau technique Piguet Lausanne; Consortium des viaducs de Chillon Lausanne.
37. LEONHARDT, F., W. BAUR und W. TRAH: Brücke über den Rio Caroni, Venezuela. Beton- und Stahlbetonbau 1966, H. 2.
38. LEONHARDT, F.: Erfahrungen mit dem Taktschiebeverfahren. Vortrag, gehalten auf dem Betontag 1971. Veröffentlicht im Bericht des Deutschen Beton Vereins E. V.
39. BAUR, W.: Spannbetonbrücken ohne Lehrgerüst — das Taktschiebeverfahren D.B.P. Baumaschine und Bautechnik März 1969.
40. STOFFREGEN, U.: Ungewöhnliche Montage einer Hallen-Bogendachkonstruktion. Beton- und Stahlbetonbau 1971, H. 5.

Ferner seien folgende umfassende Werke angeführt:

KONCZ, T.: Handbuch der Fertigteil-Bauweise, Band 1, 1. Auflage 1962, Band 2, 2. Auflage 1967, Band 3, 2. Auflage 1967. Wiesbaden-Berlin: Bauverlag GmbH.

Die Montagebauweise mit Stahlbetonfertigteilen — Industrie- und Wohnungsbau. Bericht über den 2. Internationalen Kongreß 1957 an der Technischen Hochschule Dresden. Herausgegeben vom Rektor der Technischen Hochschule Dresden 1959. Wiesbaden: Bauverlag GmbH. und Berlin: VEB Verlag Technik. 1959.

MOKK: Montagebau in Stahlbeton, Band 1, Band 2. Budapest: Akadémiai Kiadó. 1968.

Nicht zitiert sind die Patentschriften, die sich mit den behandelten Baumaßnahmen befassen.

Nachweis der Abbildungen

Werkphotos Hochtief: Abb. 4, 6, 7, 9, 10, 11, 21, 22, 23, 25, 27, 33, 34, 36, 37, 43, 44, 45, 46, 48, 49, 50, 51, 52, 53, 57, 58, 59, 60, 64, 69, 70, 71, 72, 80, 89, 92, 94, 98, 99, 101, 102, 103, 104, 107, 118, 120, 121, 122, 123, 126 a, 126 b, 126 c, 127, 128, 129.

Ein Teil dieser Bilder wurde bereits früher veröffentlicht in den Literaturstellen [10] bis [13], [27], [31] und [40].

Ferner wurden mit freundlicher Genehmigung der Autoren und Verlage folgende Lichtbilder und Skizzen übernommen: Abb. 73, 75 und 76 aus Literaturstelle [14], Abb. 113 a bis c aus [28], Abb. 114 Photo Heufers, Abb. 115 und 116 aus [29], Abb. 130, 131 aus [34], Abb. 132 bis 134 aus [35], Abb. 135 aus [32], Abb. 136 bis 139 aus [36], Abb. 140 bis 143 aus [37], Abb. 144 bis 149 aus [38] und [39].

Satz: R. Spies & Co., A-1050 Wien

Umbruch und Offsetdruck: Bors & Müller, A-1010 Wien

If you have any concerns about our products,
you can contact us on
ProductSafety@springernature.com

In case Publisher is established outside the EU,
the EU authorized representative is:
**Springer Nature Customer Service Center GmbH
Europaplatz 3, 69115 Heidelberg, Germany**

Printed by Libri Plureos GmbH
in Hamburg, Germany